愛知大学綜合郷土研究所ブックレット

⑪

日本茶の自然誌

ヤマチャのルーツを探る

松下 智

● 目 次 ●

はじめに

茶の木の新品種育成の方策として、原産地から新遺伝子を導入することは何より重要である。それには、茶の木の原産地を究明することが先決である、ということで、「茶樹の原産地はどこか」が提議されたのは昭和二十八年（一九五三）であった。

当時は、茶樹の原産地はもちろんのこと、日本にも茶樹が自生したとされる「日本茶自生説」もあり、その茶樹は「西南暖地の山間地の杉林に下生えとして生育する茶樹である」との由来をもつというものであった。筆者は、海外の原産地を究明する前に身近な日本の原産地を解明しなければならないということで、日本の「ヤマチャ」の解明に着手し、近場の三河山地豊川上流域をはじめ、天竜川中流域の佐久間町、水窪町、さらに長野県南部山地、そして九州、四国、紀伊半島など西南暖地から東北地方にも足を運び、この間ほぼ一〇か年を要した結果、日本のヤマチャは日本の自生ではなく、中国からの渡来ではないか、との結論に達した。

しかし、昭和三十年代は中国との国交も開かれておらず、やむなく中国の周辺諸国を訪ねることにして、昭和三十七年（一九六二）十一月下旬から二か月間ビルマ（現ミャンマー）の北部北シャン州とカチン州の調査に出向き、ついでインドのアッサム州中心に昭和四十一年（一九六六）

から五回調査をおこなったほか、台湾、韓国などをめぐった。一九八〇年頃より中国各地の茶産地訪問が認められるようになり、茶の原産地といわれる「雲南省西双版納傣族自治州《シーサンパンナタイ》」にも入れるようになった。

以来二〇〇三年一月下旬の訪問まで、西双版納傣族自治州だけで九回訪ねたが、ここで初めて「茶の原産地はこういう所ではないか」と推測できる所を見ることができた。

一方、中国雲南省以外にインドの東部アッサム地方も、アッサム種の原産地ではないか、との説があったのだが、その確認もインドと中国の国境問題で、これまでアッサム東部の山地に入れなかったのが、近年になってインド側の許可で入れるようになり、二〇〇三年十一月現地を訪ね、アッサム種の実態を見ることができた。

本書は、こうした一連の結果を整理し、日本のヤマチャについては、照葉樹林、焼畑、それに伴う考古遺跡との関係、そして造林地とのかかわりについて述べ、さらに、茶の原産地としての雲南省西双版納傣族自治州は、勐腊《モンラー》県を中心として現地の状況を報告し、この原産地から日本への伝来の道筋、そして日本茶としての発展と文化形成について記述したものである。

幸いにして愛知大学綜合郷土研究所のブックレットに加えていただけることになった。同研究所に深謝するとともに、これまで各国各地を訪ねた際にご協力いただいた多くの人々に、ここに改めて謝意を表する次第である。

I　日本のヤマチャ

◉――照葉樹林とヤマチャ

ツバキのように葉の表面が照り輝く植物「照葉樹」の林が、インドのヒマラヤ山麓から、東南アジア山地、さらに中国南部、そして日本の西南暖地山地へと連続しており、そこには共通する文化要素があることを故中尾佐助先生が提唱した。いわゆる「照葉樹林農耕文化」説である。(1)それは、照葉樹林帯の構成植物として、カシ類をはじめツバキ、茶、ウルシ等があり、さらに、そこに住む諸民族の衣・食・住、またそれら諸民族の宗教、説話、儀礼などを綜合的に見た説であり、日本のヤマチャの由来を解明する場合には、有力な手がかりとなる説である。

日本の照葉樹林帯は消えつつあるが、宮崎県の綾町、伊勢神宮の神域林、さらに、奈良市の春日山等には、照葉樹林が現存し、日本各地の茶産地周辺にも、照葉樹林の点在を見ることができる。(2)

綾町の照葉樹林は、九州山地の一環をなし、現在まで自然状態に近い生態と考えられる。明治期に木炭生産で人が入り、当時の古木の大部分は消えたものの、北側の裏山には炭焼きが入らず、自然林がそのまま維持されているといわれている。

図１　照葉樹林の茶畑（諸塚村）

ここの照葉樹林の構成植物として、カシ類、ヤブツバキは点在するが、茶の木は見られない。茶の木は、照葉樹林帯に入る手前の東部杉林には、雑草とともに杉の下生え状になったものがあり、さらに東部の集落に入ると、民家の垣根や農耕地の境界、果樹園の防風としての茶の木が見られる。

綾町周辺の山間地、西米良村、諸塚村、須木村、高千穂町等の各地に分布する照葉樹林下には、茶の木はほとんど認められない。二次林と思われる林相には茶の木が生えている所もあるが、それらは焼畑造林地か、焼畑後の休閑地であり、焼畑として利用していた時に茶の植栽があった所と思われる。

諸塚村の中心から椎葉村へ向かう分岐点の「湯の川」から北西を見ると、一次林とその伐採地、その手前に椎茸用原木林地、さらに続いて杉の植林地と、九州山地の生態系が一望できる所がある。山に入ってみると、一次林は照葉樹林で、茶の木は見当たらず、伐採後の跡地にもそれらしいものは見当たらないが、地続きの椎茸用原木林の林床には茶の木が認められる。これは焼畑に茶の植栽があったが、茶の収入が減ったために、椎茸用のクヌギを育てることにしたものである（図1）。

九州山地は焼畑の中心地でもあり、茶の植栽も焼畑との関連が濃いようで、茶は本来的な照葉樹林帯の構成植物とは考えられない。

焼畑造成や、焼畑造林とはまったく無関係の伊勢神宮神域林における照葉樹林地について、同神宮管理事務所の許可を得て、前課長の吉村斉さんにご案内いただいて、五十鈴川上流域の照葉樹林帯に入ることができた。五十鈴川の南方に広がる照葉林は、これまで一度も人手が加えられていない完全な自然林であり、山を遠望しての林相はもくもくとした樹林が、まるで巨大なブロッコリのように見え、樹林がぎっしりと詰められているように見える。しかし、その山中に入ると直径二〇～三〇センチメートルもあろうかと見える樹木が一〇メートル余の高さに繁っており、真昼間といえども太陽光線は林床には届いておらず、天空をぎっしり詰める枝は太陽光線を遮断している。

立ち並ぶ樹木には、カシ類とヤブツバキが多く、茶の木は見当たらない。五十鈴川の川辺近くには、伊勢神宮に働く人々の住宅もあり、野菜畑や水田も見られ、畑の周囲や民家の垣根には茶の木も植えてあって、人手によって植えることで十分に育つ所であることには違いない。

日本の照葉樹林の代表的な林相をもつ奈良県の春日山には、樹林中の茶の木はもちろんのこと、周辺農耕地にも茶の木は見られない。春日山周辺には茶畑も見当たらず、過去にも茶産地の形成はなかったようである。

図２　日本最大の茶樹（樹齢約400年）。小葉種で低木性である。

古い茶産地の宇治では、茶畑周辺に茶の木はなく、茶業の盛衰が起こらずに、伝統としての茶産地が維持継承されてきたのではなかろうか。

日本各地の茶産地の多くにおいて、長い歴史の過程で、さまざまな条件を反映して茶畑から植林地へと変わった所は、造林地や雑木林化しており、その中に茶がヤマチャとして残ることになった。日本一の茶産地である静岡県の中でも名茶で知られる川根の茶産地では、現在は大井川沿いの丘陵地に茶畑が展開しているが、その地はかつては食糧作物の生産地であって、茶の木は集落から一～二キロメートル離れた山地に植栽されていた。現在、そこは杉の植林地となっており、その下生えにかつての茶畑の茶の木がひょろひょろと点在している。

そうした場所の中には、茶の木の植栽もできなかった谷合いに照葉樹林が残っており、年中緑の葉を照り輝かせている。しかし、その中に茶の木は見当たらず、谷合いの周辺杉林には生育している。こうした姿は、愛知県の三河山地、静岡県の天竜川中流域各村の茶産地、大井川上流域等も同様で、茶の木は日本の照葉樹林を構成する植物ではないと考えられる。

茶が照葉樹林の構成植物として分布するのは、中国雲南省、ベトナム、ラオス、タイ等の山地であり、さらに、アッサム地方には大葉種の茶の木が分布する。これらの地方に分布する大葉種といわれる茶の木は、葉の大きさ二〇センチメートル余、葉巾一〇センチメートル近くになる文字通りの大葉種であって、樹高は一〇～一五メートルに達する。したがって周辺の樹木に被われることなく、太陽光線を十分に利用できるので、樹木の頂長部に枝が張っており、前述の伊勢神宮林の照葉樹林帯とまったく同様の林相の中にある。

日本に分布する茶の木は、小葉種といわれるもので、茶の葉長は最大でも一〇センチメートルほどで、多くは六～七センチメートルの長さであり、葉巾は二～三センチメートルのものが多い。樹姿は低木の灌木性で、根本から数本の枝に分かれ、樹高も一～二メートルが多く、灌木状に張っている。したがって、茶の木の周辺植物が高木性であれば、完全に下生え状となり、見るからに貧弱な姿となる（図2）。

図3　茶樹の高さでさまざまな茶摘み
左上・広東省潮州での木登り
右上・福建省では踏み台を持参
左・広西自治区ヤオ族の茶摘み

この姿から見て、小葉種の茶の木は、耐陰性が弱く年間を通じての日陰では、健全な生育は望めない。茶の木は他の植物に比べて、日射量は少なくて生育でき、日照の少ない方が良質の製品ができるので、茶畑に被覆をして、人工的に日照を制限しているほどである。こうした特性は大葉種にもあり、アッサム平原では茶畑の中に被陰樹として、アカシヤなどを植えており、一日中太陽光線にさらされることなく、一時は日陰になることが茶樹の生育に好ましい。

茶の木には、大葉、小葉を問わず多少の日陰を求める植性があるが、その特性は大葉種の方が小葉種より強い。したがって、小葉種は年中日陰になる場所では健全な生育はできず、一日に何回か日照があるような条件下で生育するのが、その特性となっている。

こうした小葉樹の特性もあって、日本の照葉樹林の構成植物として茶の木は育たないように思われる。ただし、照葉樹林農耕文化の構成要素としての茶の木は存在するわけで、照葉樹林帯における農耕の中に茶の木が分布することは間違いなく、農作物として導入されたものであろう。

◉――焼畑とヤマチャ

茶の木は、日本の照葉樹林の構成植物として見ることはできないが、焼畑にはほとんど必ずといってよいほどヤマチャが分布している。ヤマチャは「照葉樹林焼畑農耕文化(3)」の構成要素として、日本の西南暖地から関東地方奥秩父山地に分布している。

図５　佐久間町大滝集落集団茶園とその周辺の杉林にはヤマチャが見られる。

焼畑で知られる九州山地は、ヤマチャでも日本を代表するものであり、それも焼畑を基本とするよう、あたかも山地利用の見本のように、茶をもって経済作物としてきた。消費地に運搬する手段のある所では、かなりの山奥でも茶の生産があった。

焼畑を中心としてきた宮崎県椎葉村では、焼畑が多いにもかかわらず、ヤマチャの分布が少なく、現在も茶畑は少ない。隣接する熊本県の泉村（図４）では、五家荘で知られる焼畑中心山地ではあるが、ヤマチャの利用が著しく、ヤマチャのみごとな茶畑が広がっている。それは、熊本市の南部に茶商の市場となっている「小川」集落があり、そこへの運送路も開けていたからである。これと同様のケースが、天竜川中流域にあたる現在の静岡県佐久間町（図５）、水窪町等であり、どの民家にも茶畑があって、一六

図４　熊本県泉村の焼畑耕地に自生したヤマチャ園

〇〇年代頃には焼畑による茶の生産がなされていた。ここにも隣接する信濃の消費地があり、売薬商人のように茶箱を背負って、村々をまわっていたようである。

同様な姿は、三河山地にも見られ、仏法僧で知られる鳳来寺山あたりでも各地に焼畑による茶生産があり、「中馬」によって長野県の飯田市に運ばれ、ここからさらに奥地の善光寺方面にまで届けられていた。茶の木が育たない信濃、長野県へは三河や遠州から供給されていて、その多くが山地の焼畑で生産された茶であった。同じ信濃でも諏訪地方から北部へは、静岡県の川根地方の大井川山地から供給されていたようであり、さらに京阪地方には、四国山地と吉野山地の焼畑による茶が供給されていた。

こうした各地の焼畑による茶生産は、山地農民にとっては主食の生産確保が先決であり、山地作物としてアワ、ヒエを中心とする雑穀栽培が営まれ、これら雑穀の周辺地が、遠方の出作り小屋による焼畑として利用された。茶は農作物の中心とはなり得なかったが、現金収入の道として重要視されてきたのである。

最近は日本各地の山間地はもちろんのこと、里や街中にまで熊や猪、鹿、猿などが現われるようになったが、昔はこれらの動物はほとんど山中で生活できた。そのかわりに焼畑による農作物の害もあり、焼畑作りの難題の一つでもあった。出作り小屋に泊り込んで、小屋から縄などを引いて、その先に石油缶や朴木など音のよく出る板を吊るして、カンカンと音をたて動物を追い払っ

ていたそうで、一晩中交替で鳴らしていたようである。(4)

こうした苦労が茶にはなく、山間地に茶を作ったのはこんな長所があったからである。しかし、近年になって鹿が茶の木の芽を食べるようになり、山間地の茶作りも安心できなくなっており、それだけ日本の山間地が様変わりした、といえよう。

ヤマチャは、山間地で安心して作ることができるので、奥深い山地にまで入るが、焼畑は一か所が開かれると四〜五年間は継続して作られ、作物の出来が悪くなると、次の適地を求めて焼畑とする。こうして一〇〜一五年過ぎると、焼畑跡には雑木も繁り、自然林が回復してくるので、再び雑木を切り開いて焼畑とする。この一〇〜一五、六年の周期で焼畑となる三〜四か所の焼畑適地を巡ることになり、かなり遠方の広範囲にわたる山間地に及ぶことになる。

こうした遠方の焼畑が、社会開発、食糧事情の改善により完全に放置され、人目にもふれず親子一〜二代の間かえりみられず、雑木林や杉、桧の植林地となって、そこに生き残る茶の木を見た時、経過や由来を知らない人々が、「日本の自生茶」ではないかと見るのも当然かと思われる。

日本各地の焼畑跡地に残る茶の木は、植物学的にはカメリア・シネンシスといわれる中国種で、日本各地にある茶畑の茶の木とほとんど変わりはない。さらに、どこを探して見ても、茶の木の老木は見つからないし、またそれを伝える説話も耳にしたことがない。日本の自生茶という見解は成り立たないことになる。

中国の雲南省南部山地、ことに西双版納傣族自治州山地は、茶の原産地ではないかと多くの研究者に認められている通り、ここには樹齢八〇〇年余といわれる老木（数年前に枯死）もあり、現在でもそれにつぐ老木も現存し、原産地を偲ばせる実像を見ることができる。

またミャンマー北部の山地には、茶の老木に混って、「これでも茶の木か」と思わせる、茶褐色に近い色の芽、巾一～二センチメートル、長さ一〇センチメートル余の細長い葉の変異茶樹の多い所もある。こうした茶の木の変異は、日本においては極めて少なく、同じ系統の茶の木がどこからか導入されたのではないか、と推測できるわけである。

近年急激な進歩を見せているDNA分析による生物の類似性の研究は、茶の木にも応用されており、その結果を見ると、日本の栽培茶は、中国の長江沿いの茶の木に類似することが明らかとなり、日本の茶の木は中国から導入されたことが証明された[5]。

しかし、長江沿いの茶の木が、そこに原産したものか、あるいは雲南省方面から伝来したものか、については今後の検討課題であり、次項でも取りあげる。

日本のヤマチャが焼畑地域に分布することは、各地の実態調査で明らかになったが、その焼畑が縄文期、弥生期など古代の焼畑に通ずるのかという問題が出てくる。古代の焼畑に通ずるとなると、ヤマチャも古代からの茶の木ではないか、と短絡的な見方が生ずることになる。

現在、焼畑農耕の現場を見ることはできない。昭和四十一年（一九六六）八月徳島県木頭村のヤマチャ調査についで、高知県のヤマチャを求めて山越えしたことがある。数年後には自動車道が完成する予定といわれていたが、当時は山道そのものであった。杉林や雑木林の繁る山道を登ることほぼ二時間、高知県に入った「物部村別府」の山中と思われるあたりで、緩やかな曲り道を出たところ急に明るく視界が開け、前方の南向き斜面に、背丈の低い茶の木が雑草に混じって点在していた。その一部は黒く焦げており、明らかに焼いたあとのようであり、春先に火を放って焼いたものであろう、焼跡だけには雑草の新芽も出ず、茶の木だけは一部新芽を萌芽していた(6)(図6)。

図6　焼畑茶園の初期の姿
黒く焼畑のあとが残っている。

昭和四十一年頃は、焼畑は禁止されており、研究用に許可を取って行える程度であったから、ここ県境ではそうした条例を気にしながら小規模に焼いたものであろう。私が焼畑と考えられるものを見たのは、これが最初であり最後ではあるが、日本の焼畑農耕に関しては、佐々木高明氏をはじめ多くの研究者によって、調査と報告がなされており、私ごときが口出しすべきものではないが、ヤマチャとの関係は深いものがあり、さらに、それら多くの研究が第二次大戦後のものであるだけに、焼畑耕作が縄文、弥生期以来の農耕技術であるとすると、近年の焼畑とどのような関係にあるのか、大変気になるところである。

◉――ヤマチャと考古遺跡

日本の焼畑農耕は、縄文期から弥生期の技法であり、日本の農耕文化さらには日本文化そのものの基層をなすものとされており、古代の農耕技法であり文化形成の基となってきた、ということは多くの研究者の認めるところである。

もちろん、縄文期や弥生期の焼畑農耕技術と、近年の日本各地の焼畑農耕技術とがまったく同じとは思えないが、その基本においてはそれほど大きな差異はないものと考えられる。そうした理解に立ってヤマチャと焼畑農耕を考えると、ヤマチャは縄文期、弥生期とのかかわりがあるのではないか、日本のヤマチャは古代からあったもので、まさに日本の自生植物であったのではなかろうか、と考えてみたくもなる。ここに改めてヤマチャ分布域を、各町村誌（史）等から検討してみることにしたい。

ヤマチャがもっとも多い九州山地、熊本県の泉村、五木村周辺山地、宮崎県椎葉村をはじめ、五ケ瀬町、高千穂町、綾町、諸塚村、南郷村、西米良村などの各市町村誌（史）を見ると、焼畑耕作地に弥生期の遺跡はまったくといえるほど見られない。

熊本県では、弥生遺跡は、主として熊本市から玉名市、福岡県境に近い地方に分布し、県南部、ことに九州山地の泉村地方には、ほとんどない。

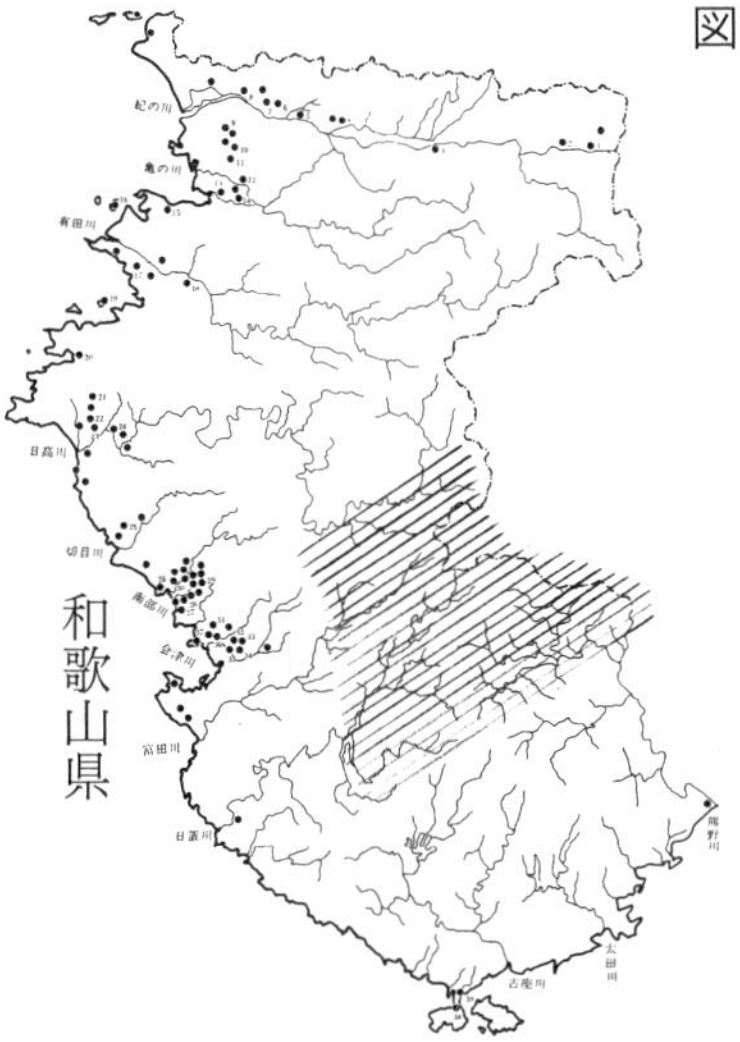

図７　和歌山県の弥生期遺跡とヤマチャの分布域との関係
●：遺跡
斜線部：ヤマチャ域

さらに隣接する宮崎県においても、弥生期の遺跡は、宮崎市の周辺から北方の平野部に集中している。ヤマチャが分布する各町村には弥生期の遺跡はほとんどないが、平地部には数か所あり、山地部と比較すれば多い。

四国でも徳島県、高知県、愛媛県の各町村のヤマチャと弥生期の遺跡との関係は九州地方と大同小異であり、遺跡の大半は低地に集中している。

紀伊半島、奈良県、和歌山県についてもほぼ同様であり、ヤマチャが分布する吉野郡内各町村には古代の遺跡は少なく、古代遺跡は奈良県平野部に集中している。吉野郡内でも、吉野川の流域の平地部、さらに、十津川の平地部に弥生期の遺跡が散見できるが、山地のヤマチャの分布域にはほとんど見られない。

和歌山県については一層顕著であり、弥生期の遺跡は海岸通りの平地部のみで、山間地にはまったくない。紀伊半島は、太平洋の黒潮の影響が直接あった所であり、史跡、遺跡の多い所だが、弥生期の遺跡に関しては、図７に示すように、ヤマチャとのかかわりを見出すことは困難である。

ヤマチャの分布としては、九州山地に並ぶほどの分布を示す静岡県山間地、ことに水窪町、佐久間町など天竜川の中流域、大井川の上流域、さらに愛知県の三河山地、豊川上流域など山間地でもほぼ同様であり、山地には弥生期の遺跡の認められない所が多い。

縄文遺跡は、佐久間町と水窪町に一～二か所あるが、そこは今は住宅があり農耕地となっていて、遺跡は遺跡調査の結果報告板が立つばかりである。ヤマチャとの関係を見ることは困難であり、なかには近代的な茶畑が造成されている所もある。(7)

こうした状況は、西南暖地のヤマチャ分布域にほぼ共通しており、行政単位でみると、ヤマチャの分布域と弥生期の遺跡分布は重なるが、垂直分布からみると、標高差に著しい差異が認められる。ついでながら造林地とヤマチャの関係も合わせて考えると、造林地とヤマチャの分布域はほとんどが一致しており、杉林の下生えとなっているヤマチャの実態を見ることができる。

ヤマチャの分布と考古遺跡の分布とは、日本茶の起源、伝来と深いかかわりをもつので、その由来を追究してみると、考古学的には弥生期には高地遺跡と低地遺跡があり、高地遺跡も二～三〇〇メートル程度の標高である。一般的に弥生期の遺跡は、低地の湿地帯のような所が多く、標高も数十メートルから一〇〇メートルあたりが多いようである。

この遺跡分布から見ると、ヤマチャの分布域である五〇〇～一〇〇〇メートル近い山間地に弥生遺跡の無いことは明らかである。(8)

これは、ヤマチャの分布域には、弥生時代に人の生活はなく、逆に弥生時代の人々には茶もな

図８　弥生期古墳と焼畑とヤマチャの分布図
「ヤマチャ調査報告」（谷口）、「焼畑の地理的分布」（山口）、「日本の発掘」（斎藤忠）を参考に作成

●：古墳の分布
○：ヤマチャの分布
▲：焼畑の分布

ければヤマチャもなかったことを物語っている。さらに、ヤマチャの分布域と焼畑の分布域とはほぼ一致しているので、焼畑耕作とともに茶作りをしてきた人々は、弥生時代からではないということになる（図８）。

これに関して興味ある事例がある。それは十年ほど前のことであるが、ヤマチャの調査で静岡県の佐久間町大滝という集落を訪ねた。そこは戸数二十三戸のほとんどが茶作りを中心としていた。昭和三十年頃までは近隣の山の焼畑耕作地に茶を植えていたが、食糧事情も緩和され、主食作物である民家周辺の雑穀作りも不要となり、現金収入策として茶作り中心に切替えたようである。それまで山に作られていた茶は、住宅周辺の集団茶園とし、杉が植林された山に残っていた茶がヤマチャとなり、現在に至った例である。

この集落の二十三戸の民家は、同姓名者は二人だけで二十一戸はすべて異なる姓である。この例は、水田耕作の地域は定着者が多く、一族中心に開発、発展してきたことを物語るのに対して、大部分の姓が異なるということは、出入りや移動のあったことを示し、焼畑耕作の人々の移動のあったことを物語るものである。大滝集落の人々の中には、明治初め頃ここに来た人もあれば、明治頃によそへ行った人もあるということであった。

日本の山地には、縄文期から人々が住んでいたが、中世期から近世にかけて、山から山へと平地の人々との交流をもちながら生活してきた人々がおり、その人たちによって焼畑が行われ、食用作物もあったが茶作りはなかった。その人たちも時代とともに山地から平地へと移っていったのではないかと考えられる。歴史上、平地に住んだ人々が山上に登って生活するということはまずない。そうしたことから、中近世の日本の焼畑耕作民は、縄文期、弥生期の焼畑耕作民とは異なる人々ではないかと思われる。

◉――造林地のヤマチャ

二〇〇五年の春は、花粉症の人々には災難な季節であったようで、同情にたえない。日本国内の山間地のほとんどに植え付けられた杉の木は、日本の四季を失わせ、熊や鹿、猪、猿などの山地動物、さらに帰化動物ともいえるハクビシンなども加わり、えさを求めて里どころか町中にまで出没し、庭先の柿の木によじ登りゆうゆうと柿を食べている熊の姿が各地で見られた。

日本の農林行政策はさておき、全国的にこのように盛大に杉の植林がなされたのは、林業の発展に杉が欠くべからざる樹種であったためと思われる。しかし、日本の国土は、世界的に見ても自然環境には恵まれた国土である。この恵まれた自然の中には、無数の樹木が自然に育っており、山地動物は不自由なく生活してきた。その生活の姿から見て熊は〝くまちゃん〟の呼び名で、ことに子どもたちには大変親しまれてきたし、おとなの社会にも〝熊さん八つぁん〟で落語界やドラマに登場しており、けっしてにくまれたり、追いたてられるような存在ではなかったはずである。熊に限らず、鹿や猪、猿なども大同小異で、私たちにとって一線は引かれてはいるが、親しみをもって見てきた動物であった。

動物だけでなく、植物の種類も多くて四季の彩りや生活そのものに直結してきた。人間も動植物と共生する自給自足の生活が原則であり、山に木を植える、というようなことは考えられなかったはずである。しかし、人口増と経済的発展もあって、自給自足的社会から人工的な社会へと進展することによって、自然界のバランスが崩れ、人手を加えることになり、植林などが考えられることになったようである。その一例が、藩制時代に始まる、各藩の五木の殖産策であり、地方によって若干の違いはあるが、チャの木、ウルシ、コウゾ、ミツマタ、ハゼ等の植栽が奨励され、チャの木の生育はむりと思われる東北地方でも、仙台や秋田県の檜山地方にまで進められた。その中には大きな茶産地ではないが、現在まで作られ、最近になって杉の植林地となってきた所もある。

茶はその効用が認められ、日本の各地各藩に奨励されるが、不適地もあって自然消滅する所もあった。それでも自然条件に恵まれた日本では各地に残って、明治期には日本茶がアメリカへ輸出され、日本の近代工業国化への資金となった。そこで、国策として茶の増産と生糸のための養桑が、ブームを呼ぶことになる。

長野県の岡谷市と岐阜県の高山市にかかわる「女工哀史」と似た話が、茶に関してもある。アメリカへの茶の輸出は、中国に始まっている。日本の方が地理的に有利であることから、日本の茶が注目され日本産の茶となったが、中国茶でスタートしていたために、日本茶も中国茶に近いものにしなければということで、横浜で中国茶式に鉄鍋で炒りなおすことになり、炒る時に着色剤を加えた。その煙が工場内に立ちこめ、大変な労働となった。にもかかわらず賃銀は安かった。それでも当時としては貴重な女性の働き口であったため、女工哀史が発生したのである。

残念なことに日本の輸出茶の重量を増すため茶箱の中に「石ころ」や「レンガ」等を詰める不心得者があり、アメリカの不信のもととなって、日本茶の輸出はストップ状態となり、日本茶生産に大打撃となった。山間地ではやむなく茶畑に杉を植えたり、放置して自然林化したが、その茶の木が現在の「ヤマチャ」といわれるものの一つである。静岡県の茶産地で知られる牧の原台地の大茶園は、明治期の開発を基にして現在に至ったものである。

一方日本の植林は、輸出茶の代替もあるが、人口増とともに住宅増も当然あるわけで、その住宅用建材として自然木だけではまにあわず、人工林の育成となり、植林策が考えられ、そこで杉に着目されることになったようである。

日本で人工林の育成に最初に着目したのは、奈良県の吉野山地の人々であったのではないかと思われる。[9]

吉野山地も藩制当時の延宝の頃は焼畑で、[10]雑穀を中心に茶や薬草、棕櫚などが作られていたが、京阪神への住宅用建材の供給のために、杉を中心とする植林が急増した。ついで全国各地に植林が普及して、住宅建材以外に造船用の林木として、宮崎県の飫肥林業、下駄、手桶等日常用品原料としての用材産地である大分県の日田林業、四国は木頭林業、長野県木曽林業など日本各地に林業地域が生まれるが、その多くが焼畑造林であって、雑穀や茶などの換金作物の栽培地でもあった所が多い。

図９　茶畑への杉の植林
粗植林と密植林（右）では樹下の下生えがまったく異なる

ヤマチャもこうした杉林に下生えとして生き残ったが、吉野林業のような密植林地域では、杉苗の密植による日照不足と、ついで始まる下草刈りで、茶の木は完全に消滅している。しかし、吉野林業以外の各地林業地域では粗植（図９）であって、少ない日照でも根強い茶の木は、長年生き延び、植林した人の孫子の代に伐採しても、茶の木は

表１　育成林の植栽本数

植栽密度	間伐	生産期間（伐期）	林　業　地	生産材のおもな用途
密植ないし多植 1ha当り4,500～12,000本	間伐をほとんど行わない	短伐期	旧四ツ谷林業	足場丸太類
	弱度の間伐は行う	短伐期	西川、青梅、尾鷲、芦北林業	足場丸太類、角材、柱材
	早くからしばしば間伐を行う	短伐期	吉野林業	優良大径材、樽丸
普通一般の植付本数 1ha当り3,000本	弱度の間伐を行う	長伐期	智頭林業	優良大径材、樽丸
	4.0m材1玉～2玉の形質成長を目標として、しばしば保育間伐を行う	長伐期	国有林	大径木
疎　　植 1ha当り1,000～2,000本	単木の成長に重点をおいて間伐を行う	長伐期	飫肥林業	弁甲材
	間伐をほとんど行わないか、弱度の間伐を行う	短伐期	天竜、日田、小国、木頭、富山ボカスギ、日光林業	一般用材 電柱材

『林野庁林業技術ハンドブック』（全国林業改良普及協会　昭和54年　中山学氏提供）より

一斉に萌芽し、植林当時を知らない人にとっては、「日本の自生茶」と見てしまうことになる（表１）。

全盛をきわめたアメリカ向け茶の輸出は、前述の不祥事もあって、大正期頃には極度の低迷期となり、茶に替わって養蚕が全国的に展開されて、全国各地に「農蚕学校」が設立され、養蚕や製糸業の技術者の養成へと政策が転換される。そこではそれまでの茶畑に桑の木が植え付けられ、それが長い年月の間に茶から桑に替わり、また桑から茶に戻る、というように世相に反応して現在にまで両者が共存している所もある。

天竜川中流域の山間地、佐久間町は、茶産地としては一六～七世紀頃すでに広範囲にわたって茶作りがあり、現在二代目と見られる杉の伐採地に茶の木が萌芽しており、ヤマチャの由来を物語っている。茶の殖産は、自家用としては、数本の茶の木を畑の周囲に植えるだけでまにあうが、換金となると周辺か近隣に消費地があることが条件になる。この佐久間町は険しい山でも、隣接する信濃に消費地があり、この地への供給のために古くから茶が作られ、現在に至っている。しかし、最近では若者の都市への流出もあり、再び杉の植林地となって、茶の木もヤマチャ化しているものが多い。

宮崎県の諸塚村は、全国でも屈指の椎茸産地で、[11]茶の不振を挽回しようと、茶畑に椎茸の原木となるクヌギなどの植栽をはかり、茶の木はそのままにしてクヌギを植えているが、クヌギは成木となっても枝葉が密にならないため、茶の木が生き続けて、下草刈りの後からも、毎年のように萌芽している。これらのクヌギや雑草で被われ茶の木も忘れ去られた頃に、クヌギを伐採すると茶が萌芽するので、自生のヤマチャのように見えるのである。

昭和三十年代の日本経済の発展は、山間地の若年層を都市部の工業地へと誘引し、著しい発展をしてきた自動車産業は三河山間地から若者を一斉に集め、山間地には昼間は若者を目にすることができないほどであった。このあおりを受けたのが山間地の茶作りで、戦後の増産体制の一環として茶畑の開墾増反をしたが、その後の人手不足で放置したり、杉や桧の植付けをしている茶畑を所々に見かけることができる。

こうした現象は、全国各地の山間茶産地に見られるが、茶の木自体は本来山地の植物であって、山地を適地としていることは、日本に限らず中国、インド、ベトナム、ラオスなど世界各国に共通することである。

ここで留意すべきことは、適地で適作することによって初めて、茶の木の本性を発揮できるのは、当然だということである。平坦地茶業は不適とはいえないが、不適地に適応させるにはそれ相応の人工を加えなければならず、それが時として茶業へのマイナスとなって現れることもありうる。

山間地の朝霧の立つような所の製品が、茶特有の香気をもつことは衆知の通りであり、自然条件のもたらす茶、そこには口にする前にまず香気が漂い、茶の品質査定の第一の必須条件となっていることもよく知られている。こうした条件は山間地のみがかなえてくれることを改めて強調しておきたい。

II　茶の原産地

◉――茶樹の原産地

茶の原産地に関しては、これまで日本をはじめ、中国、インド、イギリス、アメリカなど諸国の自然科学、人文科学など諸学者によって提唱されてきたが、そのほとんどが推測によるものであって、現地の実地調査に基づく結果ではなかった。

茶の原産地は中国の南部、雲南省や四川省の氷河期の影響のなかった地方、というのが中国の研究者によって提起された説であり、それが大方の統一された説のようになっている。なかには日本も原産地の一角になり、それが日本西南暖地に見ることのできる「ヤマチャ」である、との説もある。さらに中国の雲南省に集中する大河の源流がチベット高原であることから、チベットに原産したのではないかとの説や、東アジアの人々とその文化の源がアジア大陸内部にあることから、茶の原産地もここではないか、等々の諸説がにぎわしている[12]。

いずれにしても、本命とされる中国南部の雲南省、ことにその中心といわれる西双版納傣族《シーサンパンナタイ》自治州が、一九八〇年頃までは外国人の立入り不可能な所であって、茶の原産地究明の糸口は見出

図10　西双版納傣族自治州の位置

図11　山は大部分が焼畑（勐腊県）

せなかった。

私はライフワークの一つとして、茶の原産地の究明をめざして、日本のヤマチャの実態を見ることから始めたのが昭和二十八年（一九五三）で、ほぼ十年かけて見て、日本に茶の原産は認められない、との結論にいたった。しかし、当時の中国と日本の国交は開かれておらず、やむなく中国周辺のビルマ（現ミャンマー）、インドのアッサム、韓国、台湾等を訪ねることにしたが、いずれも茶の原産地としての条件を満たす場所ではなかった。

一九八〇年代になって、待ちに待った雲南省南部の西双版納傣族自治州と、その周辺地に入ることができるようになり、以来中国の茶産地の各省を訪ねながら、雲南省南部を調査し、二〇〇三年の三月までに西双版納傣族自治州へ九回、その他地方へ四回、計十三回の訪問結果から、「茶の原産地の一角ではないか」と考えられる所を探し出すことができた（図11）。

西双版納傣族自治州が茶の原産地とすれば、その周辺地としてのベトナム、ラオス、ミャンマー、さらにインドのアッサム地方との比較調査を通して、より精度を高める必要もあり、ベトナム三回、アッサム九回、二〇〇四年十月にラオスを訪問し、茶の原産地の一角として、「雲南省西双版納傣族自治州の勐臘《モンラー》県東部、易武郷」を認めることができたので、ここに概要を報告することにする。

茶の原産地であるかどうかの判断は、茶を全般的に見てのことであり、その内訳となると、茶の木の原産地と茶の葉を利用する文化の発生、成立とが一致するかどうか、さらに、茶の木が原生した所、栽培茶が放置されて野生化し、自生茶との見分けがつきにくい所などもある。日本のヤマチャはその好例である。

ここに取りあげる茶の原産地問題は、茶の木（*Camellia sinensis.* L）が初めて利用された所はどこかの解決であって、茶の木の起源問題ではない。茶の木の起源に関しては、細胞遺伝学、系統発生、さらに化石植物学にまで及ぶことになり、今後の研究に待たねばならない。

これまで、茶の原産地を求めて各地を訪ねた結果から、茶の木が原生（自生）する条件は、生育には年間無霜地であること、年間を通して降雨のあること、比較的冷涼な所であり、それには標高も五〇〇〜一〇〇〇メートル余の地となる。こうした条件を満たすのが、雲南省南部の山地であり、西双版納傣族自治州の東部、勐臘県の易武郷周辺山地が適応しており、そこの山地に初めて原生（自生）と考えられる茶の木を見ることができた（図13）。

西双版納傣族《シーサンパンナタイ》自治州は、中心となる景洪《チンホン》県（現在景洪市）、西の勐海《モンハイ》県、東の勐臘《モンラー》県の一市二県からなり、北緯二一・〇八〜二二・三六度、東経九九・五五〜一〇一・五〇度の位置にあって、全人口九九三、三九七人（『二〇〇〇年人口普査中国民族人口資料』民族出版社、二〇〇三年）の内訳は、漢族二八九、一八一人（二九・一％）、傣《タイ》族二九六、九三〇人（二九・九％）、哈尼《ハニ》族一八六、〇六七人（一八・七％）、ほかに拉祜《ラフ》族、布朗《プーラン》族、彝《イ》族、基諾《ジーヌオ》族、瑶《ヤオ》族一八、六七九人（一・九％）、回族、佤《ワ》族、壮《チワン》族、苗《ミャオ》族、普米《プミ》族、納西《ナシ》族、傈僳《リス》族、景頗《ジンポー》族、徳昂《トーアン》族、阿昌《アチャン》族、独竜《トールン》族、蒙古族など二十余の諸民族が住んでいる。一九五三年の自治州成立までは、もっとも多いタイ族が中心となって、行政が行われていたが、自治州成立とともにタイ族を中心とする行政が中国政府、さらに雲南省の政府下で行われることになった。

自然条件は、年平均気温が摂氏一八〜二二度、一月の平均が一五・六度、もっとも高温の六月が二五・五度、一月の最低気温が五度で無霜地帯である。雨量は年間一七〇〇〜一九〇〇ミリで雨季の夏と乾季の秋冬となるが、乾季の冬でも時々雨もあり、植物は年間を通して生育し、茶の木もほとんど不自由なく生育している。標高が五〇〇メートル付近は高温多湿で茶の木が生育不可能であり、うっそうたる照葉樹林下でも、低地にあっては茶の木は自生していない。

こうした西双版納傣族自治州の自然条件から茶の木を見ると、茶の木の自生（原生）と見られるものは、後述の勐腊県に多く、景洪市から勐海県さらに西方の瀾滄拉祜族自治県そして、西端の徳宏傣族景頗族自治州にいたる間の山地には、自生茶よりカメリア・ターリエンシス（Camellia talliensis）あるいは、Camellia irrawaginesis の自生地が分布する。

雲南省の自生茶については、広範囲にわたる調査があるが[12]、自生茶と栽培茶の区別が明確でなく、大木で古木の茶樹が分布しており、その形態等細部にわたり報告されていても、それら茶樹の環境条件が不明確で、判断が決しかねるものが多い。

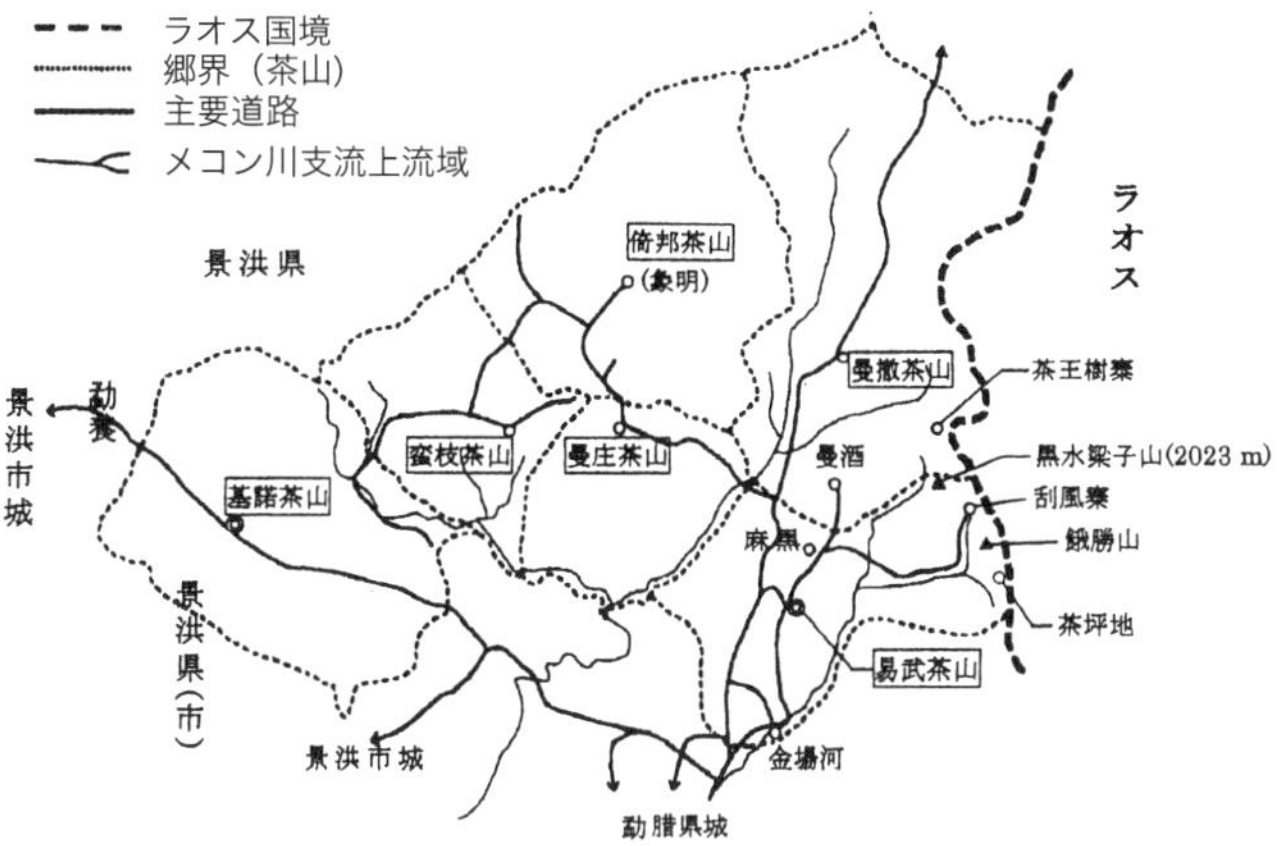

図12　勐腊県の六茶山略図

勐腊県は、西双版納の東部にあり、ラオス、ベトナムと国境を接し、近年国境貿易の盛んになった所で、東端にはラオスがフランスの植民地の頃に中国領土の一部を割譲した所もあり、今もって住民の往来もあり商人たちの取引も比較的自由に行われている[13]。

雲南省の茶産地として勐腊県は「六茶山」の名のもと広く知られ、雲南茶業の発祥地ではないか、と見られる所である（図12）。

勐腊県も一〇〇〇メートル前後の山並（九五・六三％）が広がり、平坦地（四・三七％）はほとんどなく、そのわずかな平地にタイ族が水田を開いており、他の民族の大部分は山地の焼畑耕作で生計を維持している。西双版納の諸民族各種が勐腊県にも住み、人口が少なくて民族と認定されない克木《クム》人、补过《ブグオ》人、排角《パイジャオ》人と呼ばれるごく少数の民族もおり、現在でも物々交換の生活をしている民族がいるようで、西双版納としても特異な県である。

しかし、自然条件には大変恵まれた所で、県の面積は七、〇九三平方キロメートルあり、岡山県の七、〇九〇平方キロメートルに匹敵するが人口はわずか一七八、七〇〇人で、一平方キロメートルに二五人が住んでいることになる。

年平均気温摂氏二一度で最高は四〇度に達することもあり、最低では県内で最高の山頂（黒水梁子山二、〇二三メートル）でマイナス五度になる所もあるが、ほとんどが常春の地といえる。年降雨量平均一、五四〇ミリは四月から始まる雨季に多く、十月からの乾季にも時々降り、県内一円に広がる連山は、冬ともなると毎朝濃霧が立ちこめ、植物にとっては水不足を補給してくれている。

この恵まれた自然条件下に茶樹も生育しており、雲南省の茶史における第一頁には、六茶山が登場することになる。西双版納の茶業が本格的に開発されるのは、新中国がスタートしてからのことであり、極言すれば一九八〇年代になってからといえる。それまでは、西双版納の支配民族であるタイ族によって動かされていた所である。元の大軍が中国からビルマ領まで侵出した歴史をもつが、それは雲南省西南部で、反対側の西双版納にまでは及ばなかった。明代（一三六八～一六四四）になって漢族、漢文化の影響が及ぶことになり西双版納の東部の勐腊県の東北部からの進出によって、この地方に自生していた茶の木の利用が始まったものと見ることができ、その結果、雲南省の六茶山は一躍茶産地としての名声をとどろかせることになる。

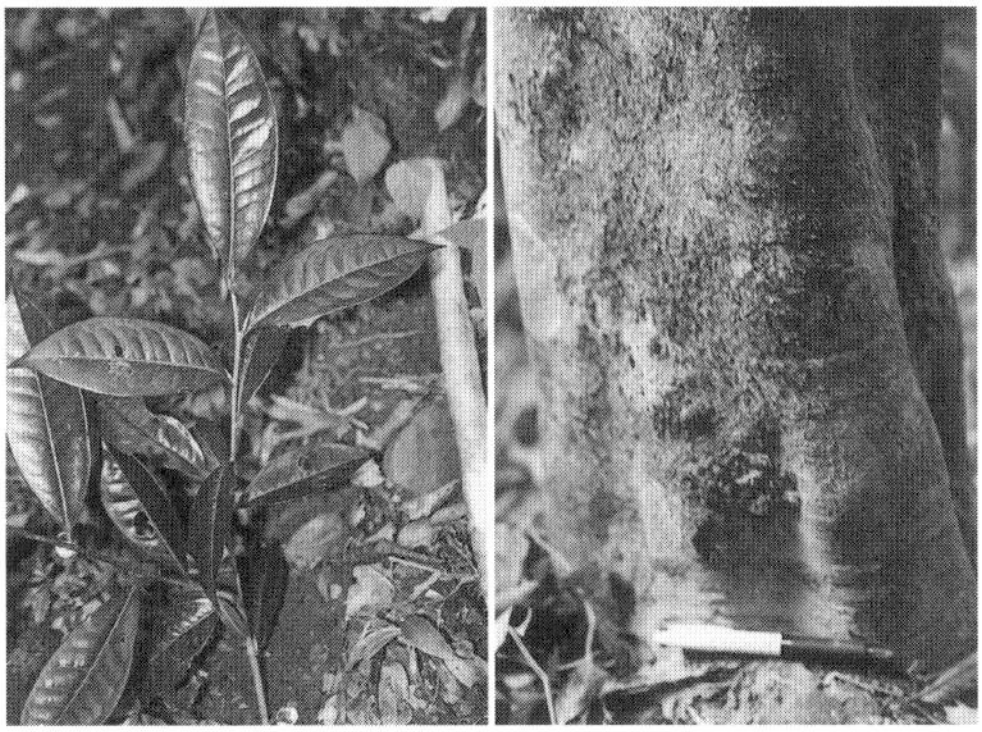

図13　易武郷山地で見た自生と考えられる茶樹（下は比較用のペン）

この六茶山の開発に着手したのは、漢文化を十分心得ており、茶に精通しているヤオ族ではなかったかと私は考える。タイ族は茶を腊《ラ》と呼んでおり、タイ族史のなかにはヤオ族によって茶が始められたことも記録されている。[14] 六茶山の多くがヤオ族によって古くから開かれており、現在は無人の地となっている「茶王樹村」には、大人二人で抱えるほどの茶樹があり、樹高も一二メートルに及ぶ老木で、毎年茶摘みも行われていたが、老木となり枯死して、その後若株が三本分枝して現在に至っている。『易武郷茶葉発展概況』（張毅著）という貴重な報告書が、六茶山の歴史を物語っている。近年各地の新興茶産地に圧迫されいったん衰微したが、再び茶産地へとの意欲で、雑木を切り払い茶畑へと再生を図っている。

六茶山の茶樹にはかつての自生の姿を見ることはできないが、ラオスとの国境地帯の山地には、原産（自生）の茶樹と思われるものを九回目の訪問で初めて見ることができた（図13）。しかし、この山の近辺は焼畑地帯なので、これが原生の茶樹とは明言できないが、その地は焼畑も不可能な山地であり、現在に生き残ったのではないか、と見ている。[15]

今かりに勐腊県の一角を原産地と認めるとしても、ここに生育する茶樹はほとんど、雲南大葉種であって、中葉種、小葉種は見ることができず、ことに小葉種に関しては、皆無といえる。

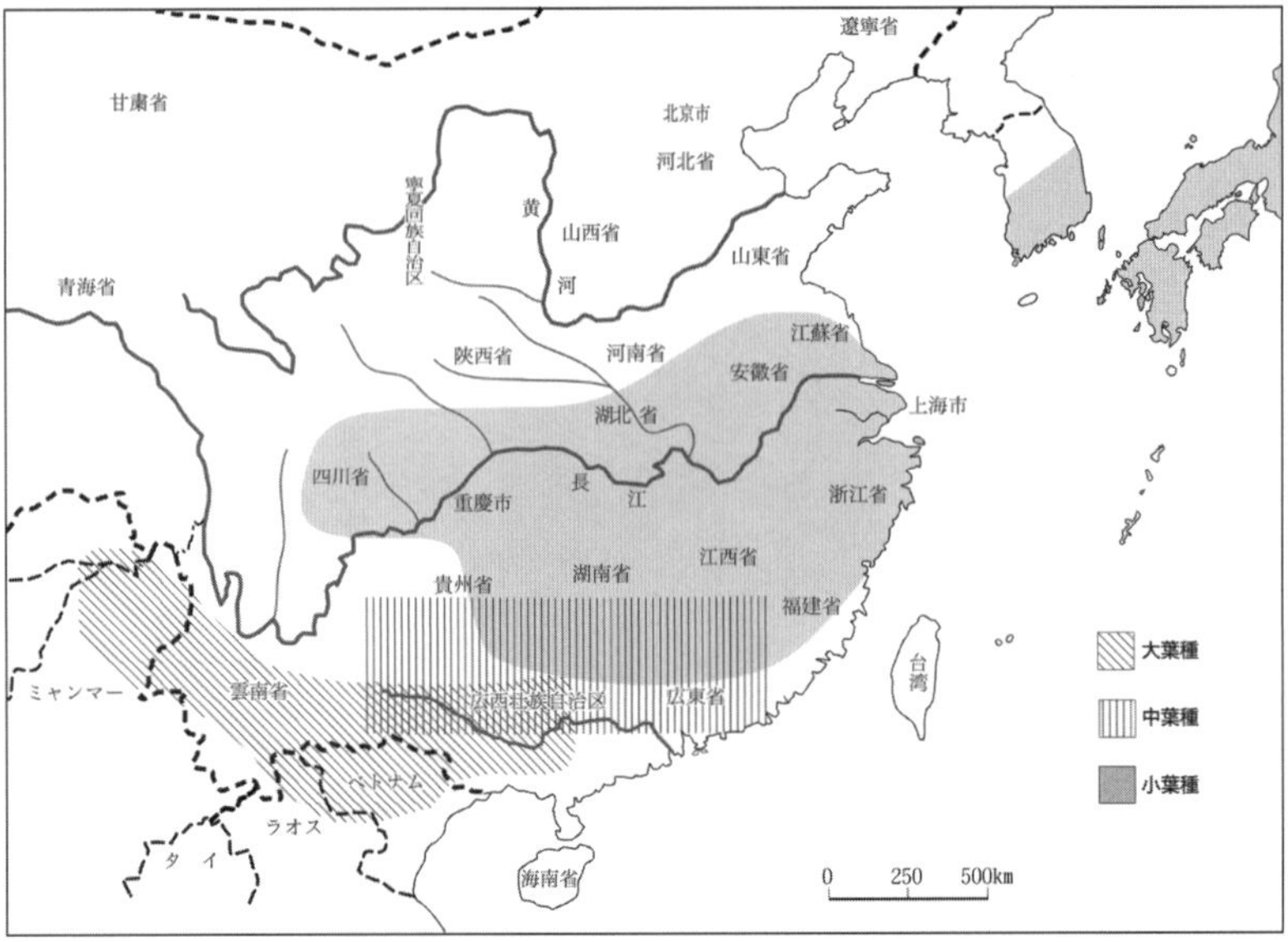

図14　雲南省南部を中心とするチャ樹の分布

私が今までに見た中国の茶樹は、雲南省南部に大葉種、広東省から湖南省南部に中葉種、そして湖南省南部から湖北省にかけて小葉種、そしてそれが長江沿いに江南地方、さらに、日本や韓国へと広く分布しており、この三種の茶樹のどれが源となったのか、との疑問が残っている（図14）。

◉——ベテル（檳榔《ビンロウ》）文化圏

茶の木からその葉を利用する、ということは人間以外にできなかったと思われる。したがって、人間と茶、すなわち民族と茶のかかわりについて、茶の原産地と見られる地方に関して検証する必要がある。

今までの調査研究では、雲南省南部に〝茶あり〟という前提で、その茶の利用だけが注目されており、茶以前のことに関してはほとんど関心がもたれなかった。

西双版納傣族自治州に現在住んでいる諸民族を見ると、

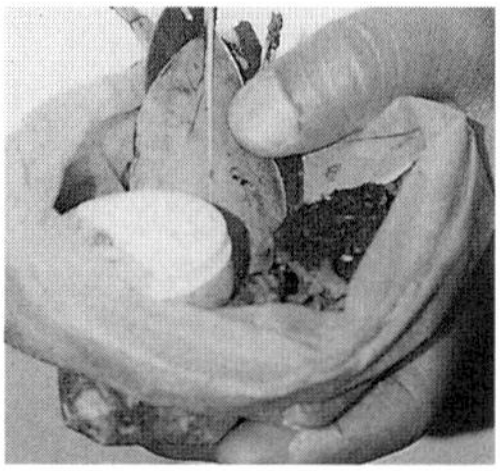

図15　ベテルの材料
（アレカヤシの実、キンマの葉、石灰）

当地に古くから住んでいる民族は、ジーヌオ族、克木人、补过人、排角人等があり、後年になって移ってきたとされる北東方面からのタイ族やヤオ・ミャオ族、北西から来たチベット・バーマ族、それに南に隣接するカンボジア方面からのモン・クメール族等があり、それぞれの民族固有の文化を継承し、西双版納としての地理的な自然条件に適応しながら生活をしている[16]。

この土着民族と見られる人々には、日常生活では「ベテル」が常用されており、茶の利用はないか、あっても近年になってからのものである。ベテルは「アレカヤシ（ビンロウジュ）」の実を「キンマ」の葉に石灰を塗ったもので包んで口にするもので、俗に〝檳榔〟と呼ばれているものである（図15）。茶に造詣の深いジーヌオ族でも、日常生活はベテルを噛んでおり、茶は経済作物として換金用に作る物であるが、今ではお茶も飲んでいる。

西双版納を長期にわたって支配してきたタイ族は、本来が稲作民族で西双版納の唯一の平地ともいわれる景洪を中心として、平地といわず山間地にも住んでおり、現在は、日常生活でお茶が飲まれているが、伝統的にはベテルの習慣であり、今でも老婦人には噛んでいる人がいて、口中を赤黒く染めている。タイ族は西双版納の支配とともに、漢族、漢文化の影響を早くから受けてきた。それもあって早くから喫茶の習慣を受容している。長い伝統のベテルは、「阿仙薬」と呼ばれる東南アジアに共通する、一種の漢方薬的性格のものも利用されていた。

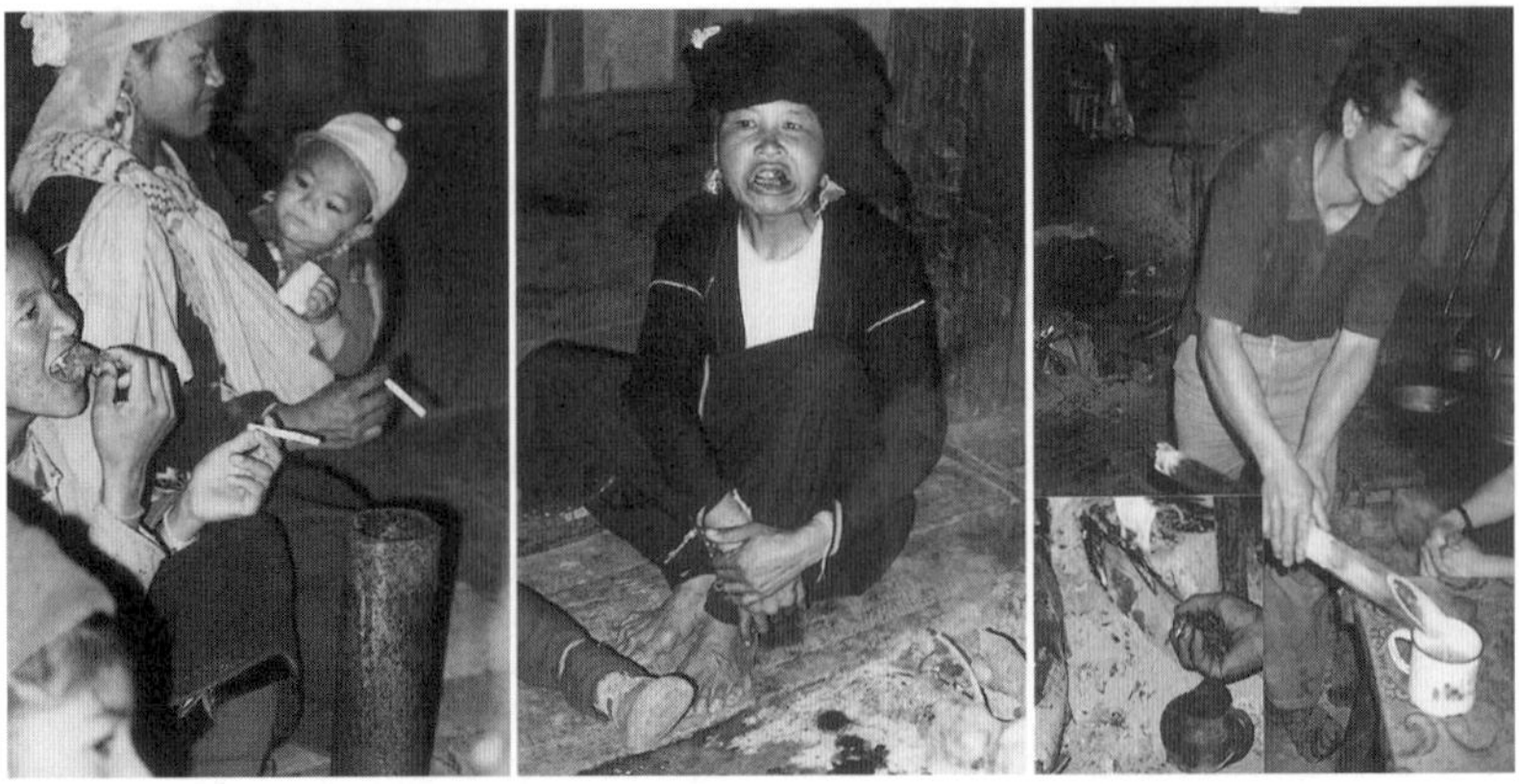

図16　左から竹筒酸茶を噛むプーラン族、ベテルを噛むイ族、竹筒でお茶を飲むラフ族（右下のカットは茶を煮る烤茶罐）

タイ族系といわれるベトナムの人々と同族の「京族《キン》」も平地稲作民族で、日常生活にはベテルが欠かせない。お茶はベテルの習慣の無い人々の訪問などに飲むようになっているが、若者を中心にベテルから茶に替わりつつある。

モン・クメール族のプーラン族、トーアン族、ワ族は、西双版納をはじめとして、西部の徳昂景頗族傣族自治州方面にまで分布しているが、トーアン族はミャンマーでは「パラウン族」と呼ばれ茶作りにおいては、〝ビルマのラペソー（食べるお茶）〟で知られる民族であり、プーラン族も〝竹筒酸茶〟で知られる民族である（図16）。ワ族も雲南省南部に広く分布しており、新中国の誕生以前まで首狩りの習俗があったといわれる民族だが、もちろん現在はそうした習俗は完全に消失しており、昔話として伝わる程度である。喫茶の習俗は、清代末頃に漢族が鉱山に働きにきてから、彼らが飲むお茶を見て、自分たちも飲むようになった。それまでは「麻栗」という植物（楊梅科）の葉や若い枝を煮詰めて作る膏薬状の「ベテル」を噛んでおり、檳榔に替わる嗜好料となっていた、といっている。今でも、お茶よりベテルの方が日常生活に活きている[17]。

同語族のプーラン族も伝統的にはベテルで、日頃近隣のタイ族と接しており、タイ族のお茶の嗜好を見て、ベテルと同様に噛み易くするために、茶の葉を竹筒に詰めて土中に埋め、醗酵させて噛むことになった、と推測される。

チベット・バーマ語族には、茶作りに造詣の深い「ハニ族」、「ラフ族」、「イ族」そしてハニ族と同系の「アイニー族」があり、雲南省南部山地に広く分布している。ハニ族は七〜八世紀頃から雲南省南部山地にきており、茶の木が育つ山地に住むことになり、自然と茶で生計を維持するところまで発展し、普洱《プーアル》茶の主要生産民族の一つともなって、現在は新出の漢族に茶作りが移りつつあるが、主要生産者には変わりない。

同語族のイ族もチベット東部を故郷とする民族で、ラフ族、ハニ族と相前後して、雲南省南部山地に移住している。茶の生産には主力としては加わっておらず、自家用程度の茶作りで、老婦人にはベテルの習慣もあり、タイ族との交流で始めた習俗ではないか、と思われる。もともとはチベット高原にはアレカヤシはなかった植物であり、この地にきてからの習俗と見ることができる[17](図16)。

ヤオ、ミャオ語族も移動、焼畑民族ではあるが、こと茶については大きな開きがあり、ヤオ族と茶は密接なかかわりがあるものの、ミャオ族には喫茶の習慣はなく、もっぱら酒と水である。

図17　ヤオ族の喫茶法のひとつ火焙り茶

この違いについては両者の生活圏に起因するのではないかと考える。すなわち、ミャオ族の住む所は標高が高く、所によっては一五〇〇メートル以上の高地に生活しており、茶の木が育たない。そうした茶のない生活はミャオ族には伝統として各地に引継がれているが、ヤオ族は茶の木が育つ標高に住み伝統的に茶の利用が継承されており、どこへ行っても必ずといえるほどに茶を利用し、その利用法もまさに〝天からぴりまで〟といえる。もっとも簡単な「火焙り茶」は、茶の木から小枝ごと取り、炉端でこんがりと焙って、湯かんに入れ二〜三分おいて飲む。日本でも山間地に見られた習慣だが、中国から東南アジア山地のヤオ族の住む所には多く見られる(図17)。逆に大変手の込んだ高級茶も作っており、中国茶の代表的な茶となっているものもある。

ヤオ族の多くは山地を焼畑耕作しながら移動するが、水田作りの可能な土地が手に入れば、稲作民として定住する種族もある。山地を移動する種族は中国から、ベトナム、ラオスさらにタイにまで移動しており、この種族は「盘瑶」と呼ばれるが、これは漢族の呼称であって、自らは「勉《ミエン》」と呼んでおり、発音としては「ミエン」である。この発音から、東南アジア山地に分布する通称「カミ茶」の「ミエン」はこのヤオ族が伝えた茶の利用法であって、茶の利用を知らなかった民族は、ミエンが伝えたものということで〝ミエン〟と呼ぶようになったのではないか、と推

図19　茶とビンロー文化圏が雲南省南部で接触している

図18　アッサムの檳榔売り

測している。

このように現在、東南アジア山地で「ミエン」を作っている諸民族のほとんどが、それまでは「ベテル」の習俗であり、ヤオ族から直接か間接に茶の利用、効用を知り茶の利用を始めたもので、ベテルから茶への過渡期のものが、ミエンであり、食べるか噛み茶になっているのではないかと推測している。

現在、ベテルの習俗は、東南アジア山地からインドのアッサム地方（図18）、そして同南部、スリランカ、さらに東南アジア島嶼部から太平洋諸島の一部へと分散しており、明らかに「ベテル文化圏」を構成している。この文化圏と茶の文化圏が、雲南省南部で接触しており（図19）、ベテルから茶へと変容しつつあるが、この変容は中国の広東省、広西壮《チワン》族自治区ではすでに、清代初めに実現しており、茶のもつ経済性と文化性がベテルより上まわっていることが証明されている。

これら東南アジア山地の民族では、ビルマ族をはじめカチン族、リス族、アジ族等において茶を〝ラ〟と発音しており、勐腊《モンラー》県の〝腊〟は傣語の〝ラ〟であり、茶の意である。西双版納の支配民族であったタイ族

図20　煎じた茶が大碗茶として飲まれた

の文化として、西方の諸民族に伝えられたのではないかと〝ミエン〟と同様に考えている。

◉――茶の文化成立

茶の木は雲南省南部の山中に原産したであろう、ということはほぼ推定できるが、その地方に住んでいた人々には、茶の木を利用するということはなく、後世になって漢文化がこの地方に及んでから、茶の利用が始まり、喫茶の習慣、それに伴う製茶法が伝授されたようである。

喫茶や製茶という茶の文化は、やはり『茶経』[19]に伝わるように漢族、漢文化によって発展伝承されたものと考えられるが、茶の木は山地植物であって、漢族の住む平地ではなかったはずである。現に茶の木の育たない北京では、茶は一般には大変貴重品で、かつては大碗茶として煎じ茶が飲まれているのが一般的であった（図20）。

歴史的に見ても、漢文化の原郷は黄河流域にあり、茶の木が生育可能な自然条件は備わっていなかった。長江流域に南下してはじめて茶と巡りあったはずである。長江流域においても茶の木は、山地に育つ植物であってみれば、山地に住む人々によって茶の利用が始められていたはずである。

中国における茶の歴史は、伝説的には「神農」に始まるが、漢代になってぼつぼつと現実味を帯び、記録として現実味をもってくるのは、『廣雅』であり『茶経』ではないか、と思われる。『茶経』の記述を見ると、茶に関しては「荊巴の間」の記述が多く、そこは現在の湖北省と四川省の間の、「武陵山」地方一帯ではないかと考えられる（図21）。

武陵山一帯は、標高は一〇〇〇メートルに満たない山並が続いており、平地らしい所はほとんどない。中国史上にある「桃源郷」もこの地を題材としており、漢族の住む場所とはいえない所で、山地民族の住む土地であったはずである。

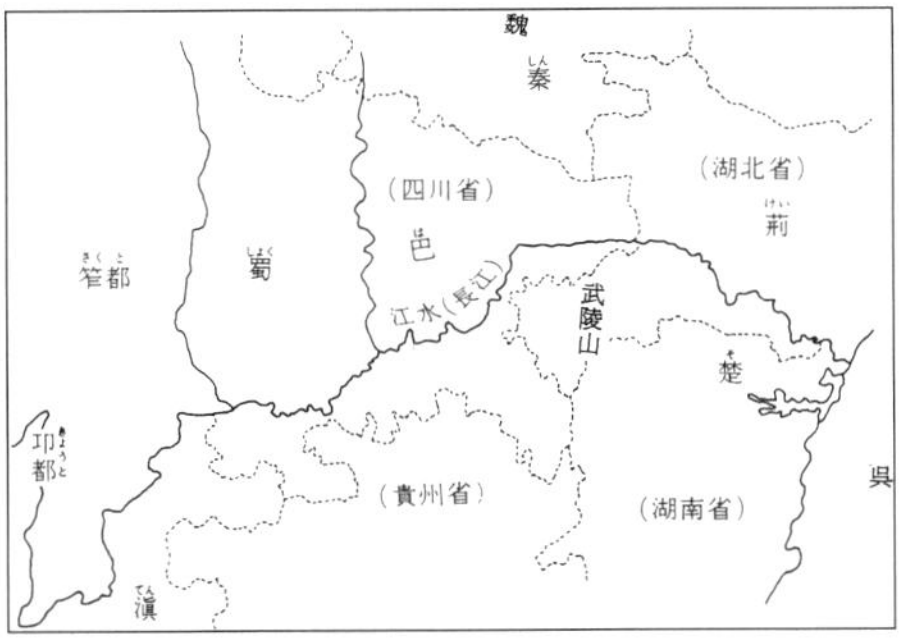

図21　古代の武陵山地域関係図

長江流域は、黄河流域よりも気候が温暖で、雨量も多く植物の豊富な地方である。「神農」もこの地方で活躍していたようで、多くの漢方の薬草を見出すことになり、その一つとして茶が登場する。

もともと漢方薬の始源となる仙薬思想、神仙思想は漢族、漢文化のもとで黄河流域においてはじまり、植物をはじめ動物、鉱物とあらゆる自然の資源が、人間の健康と長寿に役立てられ、それに中国固有の「老荘思想」も加わり、さらにインドからの仏教も合流して、無為自然の思想のもとに茶として物心両面にわたる不動の飲みものとなって現在に伝えられた。

武陵山に育つ茶の木が、この地に発生したものか、あるいは茶の原産地とされる雲南省南部から北上したものか、あるいは雲貴高原の途中から両地方に分かれて伝えられたものなのか、今後の課題であるが、現在の武陵山一帯には「小葉種」の茶の木が分布しており、大葉種は見られない。

この小葉の茶の木を利用していた山地民族は、漢代から唐代には「武陵蛮」とか「零陵蛮」、あるいは「五渓蛮」と呼ばれた民族で、現在は少数民族として「ヤオ族」「ミャオ族」そして「トウチャ族」が知られている。この三民族のなかでもヤオ族が茶に関しては、もっとも造詣が深く、どこへ行っても必ず茶を利用している。一方ミャオ族は日常生活に茶はほとんど使わず、もっぱら酒と水である。トウチャ族は、現在は茶作りに熱心で、武陵山一帯に住むトウチャ族の多くが茶の生産に従事しているが、この地方に特有な喫茶習俗の「擂茶《レイチャ》」や「油茶」については、その習慣が無い地方もあり、トウチャ族の茶は後発的なものではないか、と思われる。

ヤオ族についてはすでにふれてきたように、武陵山の蛮族として茶にもっとも深いかかわりをもつ族であろう。ヤオ族に関しては、竹村卓二[20]の精通した著書があり、ヤオ族が漢文化のなかでいかに過ごしてきたかについてはエバーハルトの名著を見ることができる[21]。

ヤオ族の固有文化と見られる喫茶法の一種に、「擂茶」と「打油茶《ダーヨウチャ》」さらに「油茶」があり、この三法は一連の関係をもって継承されている[22](図22)。

現在の中国に伝承されている喫茶法で、生の茶芽を直接利用するのは、擂茶に限られるのではないか、と思われるが、茶の木の新芽を摘んできて、そのまま胡麻、落花生などと擂《す》り合わせて

図22　ヤオ族の茶文化、左から擂茶、打油茶、油茶

飲み、茶の芽にはなんら手を加えていない。生芽のない時には既製の上級茶を使っており、たぶんに「ハレ」の場に登場する喫茶法と見たい。現在は桃源郷で知られる「桃源県」から「安化県」、さらに「新化県」の諸地方で味わうことのできる飲みものといえるが、たくさんの具が入っており、飲むというより〝食べる〟という方が適当かもしれない。

いずれにしても、この地方はヤオ族の原郷であると同時に、現在まで伝わる一大茶産地であり、ヤオ族と茶とのかかわりを如実に物語っている所でもある。

さらにヤオ族は、蛮族と呼ばれているが、中国の少数民族のなかでは、もっとも漢文化に精通した民族ではないかと考える。茶の利用はもちろんのこと、宗教的には道教を信じ、漢方薬としての薬草に精通しており、薬草を専門とするヤオ族もいるが、多くの人が自分たちの住む地域の山野にはどこにどういう薬草があるかを知っており、その時々の体の具合に合わせて薬草取りをしている。

唐代頃になると、武陵地域も大いに開発が進んだのか、ヤオ族の移動が始まり、南に隣接する現在の広東省、広西壮族自治区等へ移住を始めた。移住をせずに当時から住んでいると思われるのは、現在の湖南省辰渓県、羅子山地域であり、羅子山瑶族郷を中心に四か所の郷がある。

桃源地方に伝わる擂茶は、ヤオ族の移動とともに広東省に伝わり、英徳県、現在消えているが清遠県、さらに、福建省から浙江省にまで畲《シェ》族とともに伝えられている（シェ族はヤオ族の系統といわれている）。

擂茶は茶芽の幼芽を使うが、茶の完全生長した茶葉を使う「打油茶」もヤオ族に継承されており、幼芽より量産であり製品となっているので、いつまでも使うことはできるが、茶の葉が成葉で乾燥しているので、擂鉢で擂ることが不可能であり、擂鉢の縁に擂棒で軽く搗《つ》くようにして打ちつけて、茶の香味を出しており、この姿から「打油茶」と呼んでいる。

さらに、打油茶より簡便化したものが「油茶」であり、製品の茶葉を〝油いため〟するもので、途中で「ショウガ」を加え、これを細かくつぶしながらお湯と少量の塩を加え攪拌を繰り返す。これを数分続けてから取り出して、茶ガラを取り、再び油いためする。これを三回ほど繰り返してから、三回分のお茶湯を合わせて飲むが、来客あるいはハレの時には何種類かの具が入る。

こうした習俗は、ヤオ族の移動とともにあるが、現在は湖南省から広西壮族自治区の桂林地方に広く継承されている。[22]

武陵山を基点とするヤオ族は、漢文化を受容しながら南方へと移住しているが、移住地に定住している種族もあり、長いあいだの生活で風俗習慣も変わり、また住む所によっては他民族と共生している。したがって、同一ヤオ族ではあるが地域差が大きく、異民族ではないかとも思えるほどである。共通することは茶の利用があり、来客には大変親切なもてなしをすることで知られている。日本人でも老齢者は漢字が判るので、言葉は通じないが、漢字を書くことによって意思が通じる。

◉——華北・山東ルート

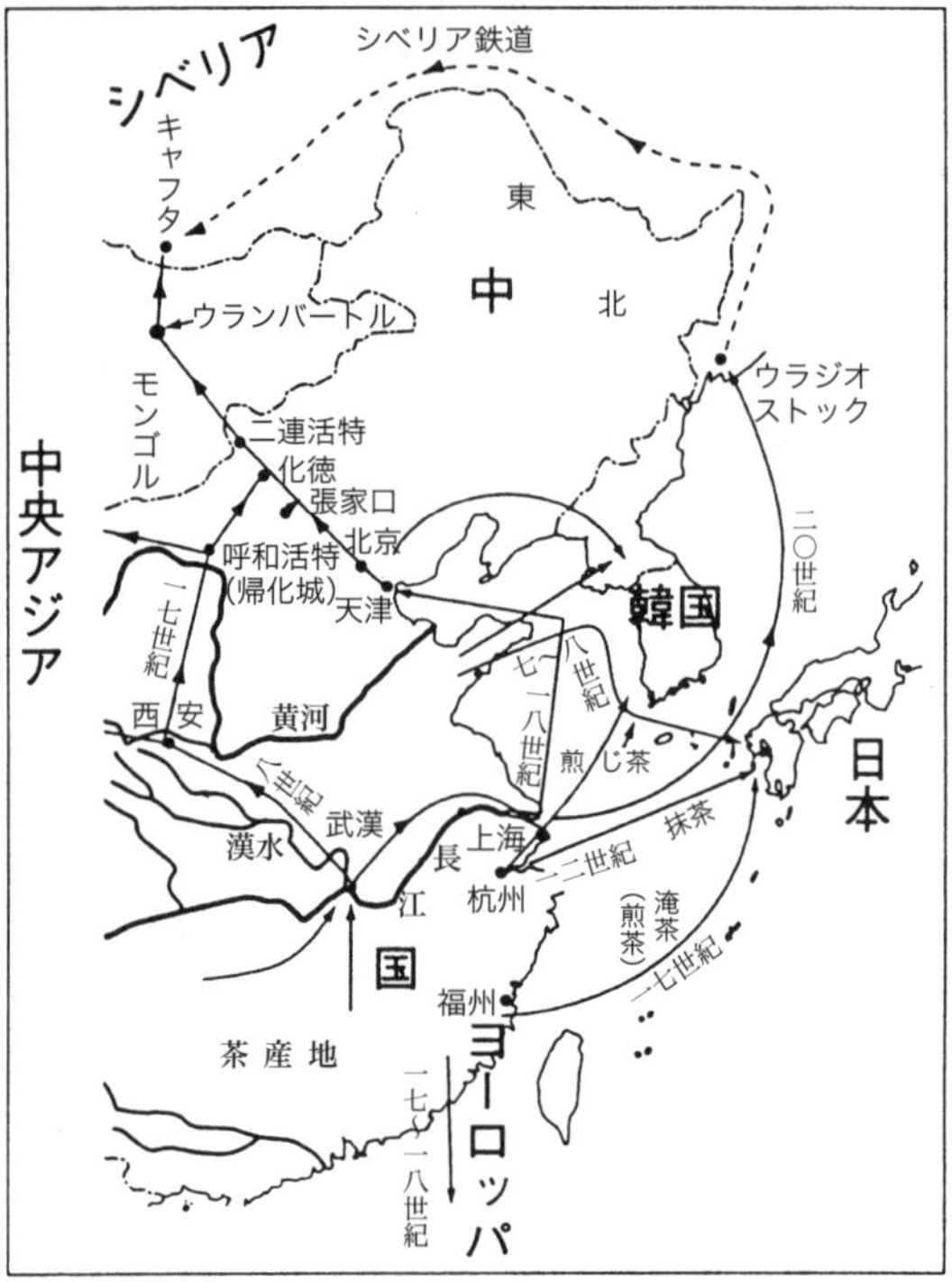

図23　唐代以後の茶の伝播模式図

中国大陸から日本への茶の伝来経路については、漢文化発祥地ともいえる華北から山東半島を経て、朝鮮半島沿いに南下し、玄界灘を渡って日本にたどり着くコース、次が長江沿いの江南文化として、長江河口あたりから東シナ海を越え、日本にたどり着くコース。さらに、中国南部の福建省、広東省方面の諸文化としての華南文化の伝来コースの三ルートが考えられる（図23）。

華北、山東ルートは、日本国が国家としての基礎を築くために、先進国の漢土から諸文化の導入を図ったルートであり、日本は航海術が未発達であったから、荒波の玄界灘を渡るには大変な危険を伴うことになるが、漢土に渡るのにはこのルートが最短距離なので、朝鮮半島を眺め、航海の安全を確認しながら往来したものと思われる。

このルートで歴史上明らかになっているのは、中国では三国時代の「魏志倭人伝」に登場する「女王卑弥呼」である。ついで現われるのが、聖徳太子による遣隋使であり、小野妹子、犬上君御田鍬、八田部造御嬬らの交流であって、隋に三回訪問し、その文化、文物、仏教等の導入があり、現在に継承されている「法隆寺」「四天王寺」等が建立された。

この時代の茶とのかかわりを見ると、女王卑弥呼をはじめ小野妹子ら、三~七世紀初頭までの記録には、茶に関する記述は現われていないが、中国茶史上には漢代からの記録もある。茶という飲みものが、人間社会に利用され始めたのはその頃ではないか、と考えられる。

中国で茶が歴史上に現われるのは、三国時代(二二一~二三九年)からではないだろうか。前項でも取りあげたが、茶に関してその利用方法が具体的に記述されるのは、晋代(二六五~三一七年)の作とされている『廣雅』と呼ばれる辞書の記述を、陸羽が『茶経』(七六〇年)に引用したものである。

この記述から見ると、茶を利用し始めたのは「荊巴の間」すなわち、湖北省と四川省の間の地、ということになり、現在の洞庭湖西部の山地で、「武陵山」と呼ばれている地域ではないか。この

図24　磚茶を煮出して飲むウイグル族の客

地域は、漢代頃までは「蛮族」の住む、漢族の力の及ばなかった所であり、そこが魏、呉、蜀三国の争う戦の場となり、その時漢族が足を踏み入れて初めて、茶の利用があることを知ったのではないだろうか。

この当時の茶について、『茶経』には、「茶は南方の嘉木にして……荊巴の間には二人抱合の茶の木があり……」と記されており、二人で抱えるような大木の茶樹のあることが記録されていて、茶の利用方法とともに、茶に関しては原初的記述となっている。しかし、現在この地には大木の茶の木、すなわち、高木性の茶樹は見当たらず、すべての茶樹は日本でも各地に見られる、低木性灌木の小葉種のみである。

三国時代から続く隋代にかけて、茶に関する資料は多くは見出せないが、唐代には一気に茶の情報が四方八方に広がり、江南から華北、華北から西方の砂漠地帯にまで伝わっており、新疆ウイグル自治区の首都であるウルムチ市内でも、唐代頃から継承されていると思われる磚茶《たんちゃ》を砕き煮出して飲むお茶を見ることができる(22)(図24)。

かつてのシルクロードは現在、「ティーロード」として活き続けており、古都の長安を起点として、アジア大陸の内陸部にも磚茶が運ばれ、蒙古やシベリア方面にまで、磚茶がその地方特有の喫茶法によって飲まれている。

唐代には、「遣唐使」として日本から多くの人々が出向き、仏教を始めとしてあらゆる文物が導入され、官制、学制、田制、漢文学、史学、税制等々、日本国の基本諸制度、文化に及んでおり、仏教においては奈良の南都六宗といわれる華厳宗をはじめ三論宗、成実宗、法相宗、倶舎宗それに律宗等が伝えられ、弘法大師、伝教大師等の名僧も現われて、中国の仏教とともに茶の文化も招来している[23]。

ことに、円仁（八三八）による「入唐求法地礼記」は、中国大陸各地や仏教とともに茶の情報も記しており、唐代の茶業、茶文化の一大発展の様子をうかがい知ることができる。日本をはじめ各地に普及した「煎じ茶」の習俗が伝わり、現在の日本で今もって継承されているほどである。

◉――華中・江南ルート

遣唐使のルートは華北・山東にも及ぶが、その多くは華中・江南ルートであり、茶に関しても唐代に急激に発展普及し、唐代につぐ宋代にさらに充実することになり、宋代からの抹茶の導入が基本となり、日本茶として現在に至っているといってよい。

三国時代に始まったと思われる製茶法、喫茶法は陸羽によって、『茶経』に著されている。それを見ると洞庭湖西部の山間地、すなわち、武陵山地方では生の茶の葉を蒸して搗《つ》き、固形化し乾燥しておき、飲む時に火で焙って粉末にし煮沸して飲む。略述するとこのようになり、蒸すのが

図25　武陵山地方に伝わる茶葉の蒸し器（左下は日本茶古法の蒸し器）

基本で、現在の日本茶の主流製茶法と大差ない（図25）。

陸羽は、幼少期は湖北省中央西側寄りの「天門県」で育っているが、『茶経』を著すために天門県西部の「火門山」で、資料収集や調査研究をしている。この火門山は、湖北省の平地と武陵山地域の山地との境界にあり、山地民族から茶の情報、諸資料を入手することができたものと思われる。茶の木は山地植物であるから、天門県の平地では資料収集は困難であったと思う。

一九九四年に湖北省西部にある当陽県の玉泉寺を訪問した時に、図25にある製茶法を見ることができ、さらに、西部の武陵山山中の恩施市では、玉露の製茶を見た。この玉露そのものは日本から昭和十五年に伝えられた技術のようではあるが、蒸し製茶の技法は当地に伝統的技法として継承されていたもののようである。残念なことに現在はこの製茶法は消滅したらしい。

武陵山に発した製茶法は、長江沿いに伝えられ、浙江省の天台山に伝えられたので、玉泉寺と天台山の国清寺は古くから交流があった、と玉泉寺の長老僧侶の説明を受けたことがある。

現在の中国茶産地は、浙江省や安徽省、江蘇省のように平坦地の茶畑が多いが、唐代頃には茶の木はすべて山間地に栽培されたもので、武陵山はもちろんのこと、長江沿いに浙江省に至る江西省北部、安徽省、江蘇省、そして浙江省等の古い茶産地のほとんどが山間地、丘陵地にあるこ

図26　一株ずつの茶樹が山を覆う（安徽省）

とがそれを物語っている（図26・27）。

さらに、茶産地として知られる山地には、古くからの名刹として知られる寺院も多く、中国の四大聖山と呼ばれる、山西省の五台山、四川省の峨眉山、安徽省の黄山、九華山、そして、浙江省の天目山、普佗山等がある。山西省の五台山には茶の産地はないが、寺では茶が不可欠の飲みものとなっている。日本とも深いかかわりをもつ浙江省の天台山、太白山、天目山、江西省の廬山、丘陵地として江蘇省の竜潭、紫金山をはじめ、中国全土の茶産地が山間地か、丘陵地にあり、茶の木が本来的に山地植物であることを如実に物語っている。

図27　福建省福安市の茶畑

日本茶の伝来を見ると、華中・江南ルートの栄西禅師（一一九一年）によるものというのがほぼ定説となっており、天台山に学んだ栄西禅師の将来した茶の実が、九州の背振山、

図28　栄西禅師ゆかりの冨春庵跡

又は平戸の千光寺に播種されたのが、日本茶の始まり、とされている。

天台山の国清寺は、天台山の入口ともいえる所にあり、茶の木は垣根や雑木林中に散見できるが、茶畑としては、国清寺より山頂に近い華頂寺周辺の華頂茶園が中心となっている。栄西禅師は、この国清寺あるいは周辺の茶農家の製茶法を学んで、当時の蒸し茶の手法を日本に伝えたものと考えられる。

この他に浙江省からは、天台山に近い太白山の天童寺に道元禅師が学んでおり天目山にも多くの僧侶が学んでいて、茶道に伝わる天目茶碗などがその名残りである。

栄西禅師によって将来された茶の種子は、福岡県と佐賀県の県境にある背振山に下種されたとなっているが、茶の木が植物学的特性として山地植物であることから推察すると背振山が考えられる。栄西禅師の帰国については、新しい仏教の導入に反対の仏教界もあって、日本への帰国は極秘であり、長崎県西部の平戸の葦の繁る海辺に上陸したといわれ、そこに、「冨春庵」という浙江省に滞在中の栄西禅師ゆかりの名を冠した庵を設け（図28）、その庭先に茶の実を播いた、と伝えられている。[24]

栄西禅師の帰国は、二回目の訪問の帰りで、旧暦の六月ともいわれており、茶の実は夏を越すと発芽力が八〇%あまりなくなるとされることから、帰国後できるだけ早く下種を、ということで平戸に種をまいたことになるかもしれないが、後証の必要がある。

栄西禅師の将来した茶が、日本の茶業へと発展するのには、京都栂尾の高山寺の明恵上人が大役を果たしている。栄西禅師の帰国の一一九一年から十六年後の一二〇七年に、明恵上人に茶の実が渡っており、茶の木が発芽後ほぼ十年後にならないと結実不可能であることから、下種が背振山あるいは平戸であっても、明恵上人に渡った茶の実は、その年月から見て納得できる。

明恵上人によって茶の実が宇治に下種され、やがて日本の茶業はもちろんのこと、日本文化を代表する茶道文化にまで発展することになるが、それには仏教としての禅宗、それに伴う栄西禅師の伝える中国の禅宗、その基礎となる「老荘思想」とも深いかかわりをもっており、日本文化にとって華中・江南ルートの意義は大きなものである。

◉――華南・閩南ルート

近年の中国太平洋沿岸地域の経済発展は、目を見張るものがあるが、第二次大戦後でも太平洋沿岸地域の役割は、内陸からの物資の出入口が中心であって、その地域自体の経済の開発発展にはそれほど力は入らなかった。それは、中国の伝統ともいえることで、海と山を苦手とする漢族の伝統からくることでもあった。

図29　摘んだ茶葉を西日に30分ほど干して揉む（福建省のウーロン茶産地）

経済のグローバル化とともに電子産業や情報システムなどの進歩が、海岸の港湾の重要性と、その周辺での開発をもたらし、現在の広東省を中心とする福建省、そして広西壮族自治区など華南の発展に直結することになったのであろう。

一方、学問の世界においても同様で、戦後に急進した東南アジアや、雲南省など中国南部方面の調査研究が進み、とくに故中尾佐助教授と佐々木高明教授らが提唱した「照葉樹林焼畑農耕文化論」は、日本と華南地方、そして東南アジア山地からインドヒマラヤ山麓にわたる一連の共通性を明らかにした。

華南地方との交流に関しては、中国の明代から清代への一大転換期、伝統ある漢族の中に、清族の支配に耐えきれず海外に脱出する者がとりわけ文化人といわれた人々に多く、華北方面から華南方面へ、そして、海外へと脱出しており、日本へも多くの文化人の脱出、帰化があった。(25)

九州には、明代の帰化人が多く、鹿児島県野間岳の麓の「笠沙町」の林家は福建省の南部「眉州島」の出身であり、現在で十五代目といわれている。眉州島は「媽祖信仰」の発祥地であり、海上航路の安全を願う人々の篤い信仰に基づくもので、日本はもちろんのこと、東南アジアなど世界各国の華南出身者の守り神となっている。

図30　唐茶の里・玉名市に残る「しいかんさんの墓」

熊本県の玉名市も江戸期には明国との交流が盛んであり、明朝政府の四位官を務めた役人が、日本との貿易に取り組むことになり玉名に来ており、不幸にして病死したようで、玉名市の伊倉には「肥後四位官郭公墓」と刻まれた墓碑がある。「しいかんさんの墓」と地元の人々には親しまれていて、市の文化財ともなっている。ここ伊倉には、広東省山地の原産といわれる「唐茶」があり、現在は高木久美子さんを中心とする地元有志により保存され、五月には唐茶の茶造りも行われており、かつての歴史を物語る有力資料になっている（図30）。

さらに、宮崎県都城市には、明代の広東省から帰化した何欽吉の墓碑がある。彼は医者として地元の人々に大変喜ばれ、藩から二十石の禄を与えられた。今でも都城市の文化財として保護、保存されている。このように九州各地に伝わる「唐人町」とか唐人ゆかりの産物もあり、唐人としての華南との交流を物語っている。

華南からの文物では「隠元禅師」を先にあげなければならない。長崎の歴史文物とともに、明代から清代にかけての日本との交流は、長崎が中心となっていた。

隠元禅師は、六十三歳の高齢をもって承応三年（一六五四）に来日しており、日本の宗教界、ことに禅宗に新風を吹き込み、隠元豆に象徴されるように、江戸期の日本人の生活に、明代の漢文化から生活文化に及ぶ多大な影響

図31　隠元禅師と華南の万福寺

をもたらした[26]（図31）。

茶について見ると、隠元禅師の出身地である福建省南部の喫茶習俗とともに製茶法も伝えている。日本茶は前述のように、華北方面からの煎じ茶に始まり、華中からの抹茶がある。庶民生活には煎じ茶として番茶（晩茶）があり、上層階級には抹茶が礼儀作法の規範として、日常生活にも普及していた。しかし、お茶そのものとしては大きな開きがあり、一般民衆へ抹茶に近いお茶を、ということで、蒸した茶の葉を揉捻（もむ）したのが永谷宗圓である。隠元禅師の飲んでいた茶の葉を見て、抹茶をつくる原料の茶葉をもむことによって、抹茶に近い茶の香味を味わうことができるようになったのである。

以来、日本茶業の主流は「煎茶」ということになったが、煎茶とは〝煎じ茶〟のことであり、茶の葉を煮沸して飲むことである。しかし、現在の煎茶は煮沸せず、お湯を注ぐだけであり、「淹茶《えんちゃ》」である。この淹茶の飲み方は、華南地方でも福建省と広東省の境界地に当たる閩南地方の喫茶習俗であり、「工夫《クンフー》茶」の呼称で親しまれている喫茶法である。この工夫茶は、その用器が文房具の水滴が急須となり、酒の燗付けの容器が湯わかしとなり、日本では横手の急須となっている。茶碗は酒杯であり、さかずきである。閩南の明代文人が酒を飲みながら詩歌、書を楽しみ、その器でお茶を飲み始めたのだが、水滴に茶の葉を詰め込むように入れ、お湯

図32　日本の煎茶と中国閩南の工夫茶

を注いで、しばらくしてからさかずきに注いで飲んだ。

こうした喫茶法は、閩南地方に始まるもので、華中・江南や華北には見られず、近年になって工夫茶として普及することになった。ことに華中・江南地方の文人の間に普及し、日本にも明代文人茶として、隠元禅師の来日頃から伝わり、それが売茶翁《ばいさおう》により隠元禅師の禅の精神文化を加味された喫茶となった。江戸中期から末期にかけての文人、池大雅、田能村竹田等による文人茶へと連なり、それが第二次大戦後に始まる「煎茶道」へと展開することになる[27]（図32）。

華中・江南からの抹茶は、栄西禅師、そして千利休へと伝わり抹茶の茶道文化へと成長したが、華南・閩南からの煎茶も、隠元禅師、売茶翁と引き継がれて、煎茶の茶道文化へと発展した。この両者には仏教、とりわけ禅宗の影響が大きく、その禅宗の根底にあるインド仏教の「空」の思想、中国の漢文化として老荘思想の「無」が一体となった「無為自然」の思想が、主流となって現在に受け継がれている。

◉製法による茶の分類

- 発酵茶
  - 酵素発酵
    - 弱発酵…中国の清茶（包種茶）、白毫茶類
      - ・台湾包種茶、白毫茶、白牡丹、寿眉茶
    - 半発酵…中国の烏龍茶類
      - ・鉄観音、武夷岩茶、水仙茶、鳳凰単欉、凍頂烏龍茶
    - 強発酵…中国、インド、スリランカ等紅茶類
      - ・祁門紅茶、川紅茶
  - 菌類発酵
    - 乳酸菌発酵…ビルマ、タイの食・噛み茶、中国、日本の漬物茶
      - ・中国雲南省（西双版納）、日本の阿波晩茶
    - 麹菌発酵…中国の普洱茶、六保茶、方包磚茶、茯磚茶、日本の碁石茶、黒茶
- 不発酵茶
  - 蒸煮茶
    - 蒸し製…日本の茶類
      - ・煎茶、玉露、抹茶、番茶
    - 煮沸製…日本の晩茶類
      - ・美作晩茶、阿波茶、碁石茶
  - 釜炒茶
    - 水平釜…中国上級緑茶類
      - ・龍井《ロンジン》茶、蒙頂茶、蘆山雲霧茶、碧羅春
      - 高橋銀峰茶、峨蕊茶、白牛茶、西山茶
      - 日本の青柳製釜炒り茶
    - 傾斜釜…中国の輸出茶類
      - ・平水珠茶、屯渓珍眉、秀眉、貢熙
      - 日本の嬉野製釜炒り茶
- 二次加工茶―磚茶
  - 緑磚茶…青磚茶、黒磚茶、餅茶
  - 紅磚茶…紅磚茶、京磚茶
  - 普洱磚茶…普洱餅茶、普洱緊茶

〔注〕磚《たん》茶は機械で圧搾製造したもので、団《だん》茶は手でかためたもの。磚茶も団茶と呼ばれる。

一種類の茶の木（カメリア・シネンシス）から製造法によって、多種多様な製品が造られる。茶葉に自然に含まれる「酸化酵素」を活用すると発酵茶の紅茶、烏龍茶となり、活用させないと不発酵茶として緑茶となる。

同じ緑茶でも、中国では鉄鍋で茶葉を炒る「釜炒り製法」で釜炒り茶となるが、日本では高温蒸気で蒸す「蒸し製法」である。両国ともこの二つの製法を基本として、多種多様な製品が生まれるが、それに加えて産地名を冠した製品もあり、さらに一層多様な茶名が出現することになる。

発酵茶には、酸化酵素以外に乳酸菌や麹菌を活用する製茶法もあり、中国、日本ともに特殊な茶として扱われている。

また、前記各種製茶法をもって造られる茶類を遠方の消費地に届けるために、固型化した「磚茶（団茶）」も造られており、中国湖北省、湖南省から始まり四川省、雲南省、近年では広西壮族自治区からも造られ、緑茶から緑磚茶、紅茶から紅磚茶、普洱茶から普洱磚茶が生産されており、その形状も方型から円盤状、にぎり飯状のものまである。

いずれも各産地から、チベット高原、蒙古草原（緑磚茶）、さらに遠くシベリア方面（紅磚茶）に送られる茶であって、合理的に運ぶために固型化したものである。それらは、乾燥、固型化したものであるから、長期保存も可能である。

Ⅳ　日本茶の発展

◉――煎じ茶

茶の葉を煎じて飲む方法とは、漢方薬の原点でもあり、神仙思想や仙薬思想に基づく、華北の漢族の文化である。そして日本への伝播ルートは華北・山東ルートに始まり、唐代には華中・江南ルートが使われた。遣唐使の時代の茶の飲み方であった。

図33　煎じて飲む茶のための茶釜

当時は、茶の木の育たない華北の地では貴重な飲みものであり、江南から固形化した団茶が入っていたと推測される。唐代に華北の都、西安の西方にあった法門寺では、金の茶具をもって団茶を粉末にして煎じて飲んでいたことが、発掘資料として確認され、日本でも大きな話題になったことがあり、煎じ茶として飲まれていたことが明らかとなった（図33）。

煎じて飲む、という漢方薬の原点は、その原点となる茶の主要成分が「タンニン」であったことは容易に推測できる。もちろん、唐代に茶の成分としてタンニンの存在が明らかになっていたわけではないが、経験上知られていたのであろう。

煎じて飲むことによって人体への効用があるという、タンニンの特性を十分知りつくした結果であり、熱湯で煮沸すればより一層の効能が発揮できることを体験していたからである。お茶は煎じて飲むものというのが基本であり、日本に将来された当初は煎じて飲むのが、お茶の喫茶方法の常道であった。大僧都永忠もお茶を煎じて嵯峨天皇に進呈していたことが納得できる。

現在、日本の西南暖地に晩茶があり、新春の五月上旬頃につくるお茶ではなく、八月から真冬にかけてつくる茶である。徳島県の阿波晩茶、それを基としてつくられる高知県の碁石茶や愛媛県の石槌黒茶、岡山県の作州晩茶、作州に隣接する鳥取県の用ケ瀬晩茶等があり、これらの茶は五月の新茶期に茶摘みは行わず、七月下旬頃から八月中旬にかけての盛夏の時期につくる茶で、夏まで伸びた茶の枝から葉のすべてを〝すっこく〟ようにして摘み取る。茶畑には茶の木の小枝のみががらんとして立ち並んでおり、摘み残しの茶葉は一葉たりともないほどの姿である。摘んだ茶の葉は、大鍋で茶の葉の緑が消えるのを適時（約二〇分）として煮沸し取り出し、天日乾燥するのが一般で、煮た茶葉を揉捻することもあるが、乾燥された茶の葉は茶色の枯葉そのままの姿となる。この茶の葉を釜で煮出して飲む、まさに〝茶色〟そのものの飲みものであり、淡い渋味以外には感じることがない茶である[28]。

愛知県のほぼ中央山地の足助町（現在豊田市）に伝わる「寒茶」は、毎年の大寒の寒期につくる茶で、時には雪景色となることもあり、寒茶にふさわしい。

図34　豊田市足助の寒茶作り（右上は出来上り）

この寒茶は、一年のあいだ伸びた茶の木から小枝ごと折り取るか、鎌で刈り取る。刈り取った小枝から茶の葉をもぎ取り、蒸籠《せいろ》に軽く詰めるが、蒸気が通り易いように中央部分はより軽く詰める。二〇〜三〇分蒸して、茶葉が茶色味のかかった飴色になるのを適時として、取り出して二日ほど日に乾かせば完了となる。

現在、足助の寒茶は、「参州足助屋敷」と呼ばれる、かつての足助地方の古い民家や郷土料理、民具等の保存継承施設で作られており、地場産業再興策のひとつである（図34）。

このような寒茶は、徳島県宍喰町、同じく木沢村（現、那賀町）でもつくられ、ここでは十二月上旬頃の寒期につくるが、同じく「寒茶」の名前がついている。これら寒茶は、冬の寒さに適応して、茶葉に澱粉が蓄えられるため、製品の茶にはかすかな甘味もあり、弱い渋味との調和もよく、おとなでもこどもでも、病人にも好適の飲みもので、足助では古くから病人用の茶とも呼ばれて消費量も多く、近隣の村でも飲まれてきた。

このような晩茶は、日本だけに限らず、中国やベトナム、ラオス、タイなど東南アジア山地の諸国でも古くからつくられており、中国ではこうしたおそくつくる茶を「茗《めい》」と呼んで、茶の古法の名茶とされている。

図35　茶を薫製する竹筒茶（ハニ族。右は前揉み、左は竹筒詰め）

この他、煎じ茶として簡単なのが、「竹筒茶」と呼ばれるもので、この方法も日本はじめ中国、東南アジア山地、インドのアッサム地方にまで及んでおり、山仕事などで山に出かけた時などは、お茶を沸かす道具を持ち合わせず、近くにある竹を節をつけて切り取り、火にかざしても竹が割れないように竹の周囲の硬い皮を一部削り取る。この中に水を入れ、たき火にかざして、水が煮沸した頃を見はからい、茶葉の小枝を火にかざして、若干茶色になるまで焙った茶葉を、煮沸した竹筒に投入してさらに煮る。〝煎じ茶〟そのものである。

こうした一連の煎じ茶は、どこの国でも古くからの茶産地に見られ、茶の利用法としての喫茶の原形である。茶の最大の特性である〝渋味〟を飲むことがあるわけで、どのように煮沸、煎じようとも変わることのない、茶のもつ渋味（タンニン）の利用である。

〝茶を飲む〟ということはすなわち渋味を味わうことであり、茶という飲みものの最大の効用である。私たちの日常生活の中にある、食べもの、飲みもののなかで、渋味（タンニン）をもったものはきわめて少ない。その渋味が長いあいだ経験として実感されてきたことは、近年の科学が証明しており、お茶がいかに私たちの生活に有効に働いてきたかを示しており、そうした有効性があったればこそ、茶と人間との長い歴史が築かれてきたのである。

茶のもつ渋味、タンニン（カテキン）の存在、効用について、今一度じっくりと考えてみたいものである。

◉——抹茶と茶道文化

唐代には、茶の葉を蒸してから搗《つ》いて団茶とし、粉末にして煎じて飲んでいたが、十二世紀頃の宋代になると、蒸した茶の葉をそのまま乾燥して飲む時に粉末とし、煎じることなくお湯を注いで攪拌して飲むように変わっている。この方法は、日本文化として育っている茶道文化の原形と見ることができる。

現在の日本における抹茶の製法は、茶の木自体抹茶用の品種もつくられているが、専用品種でなくとも抹茶にすることはできる。抹茶をつくるには茶畑の管理からして違ってくる。すなわち、茶畑への施肥も普通の茶畑の二〜三倍の量で、茶摘み前の二〇日頃から茶畑に被覆をして日光の直射を制限して茶摘みの一〇日前頃には茶畑が真暗（十分の一の明るさ）になるほど制限する（図36）。こうすることによって、茶の葉に含まれる抹茶の味を良くするテアニンが多くなる。抹茶用の茶葉作りの最大の特徴である。

抹茶用の茶摘みは、今春に伸びた新芽を、完全な葉になってから新葉のすべてを摘み取る。摘

図36　よしずで茶葉をおおう平地の抹茶畑（愛知県西尾市）

んだ茶の葉は、できるだけ早く蒸すことによって、より新鮮さを保つことができる。蒸した茶の葉は、一枚一枚をひっくり返すようにして焙炉（ホイロ）の上で乾燥するが、現在ではトンネルと呼ばれる乾燥機で自動的に乾燥される。

乾燥された茶の葉は、葉脈などが取り除かれて葉肉部分として貯蔵され、必要に応じて茶臼で粉末にして飲む、ということになる。現在抹茶を飲む習俗は日本特有のものとなっており、本家の中国では完全に消滅しているが、その源は中国の洞庭湖周辺の山間地にあり、長江沿いに下流の江南地方に伝わり、やがて日本へと伝わったものである。

日本に抹茶が伝わったのは、当時中国に興った新しい仏教、禅宗にお茶が不可欠なもので、その禅宗とともに抹茶が、栄西禅師によって将来されたことによる。

栄西禅師によって将来された禅宗、ことに栄西禅師の開祖である京都の建仁寺では、毎年四月二十日には「四ツ頭の儀礼」が催され、禅宗の根本儀礼とされており、これが茶道における所作の基本となっている。

禅宗と茶のかかわりについて見ると、中国には仙薬思想、神仙思想、それに老荘思想があったところに、四世紀頃にインドより仏教が伝来し、さらに、六世紀頃に伝わる達磨大師の禅が加わって中国の禅宗となり、禅宗における座禅の修業で、茶が眠気覚ましに不可欠なものとなった。それに中国的な不老長寿と仙薬思想などが合流して、禅と茶が結ばれ、老荘思想の「無」とインド仏教の「空」とが統合されて禅宗の根本宗旨となり、それが日本の茶道に取り入れられて現在に至った。

禅宗には、中国、インドの伝統が東洋的思想として結晶しており、以来禅宗を超える仏教の輩出を見ることはできないのではないか、とも思える。(29)

こうした伝統をもつ禅宗を基本とする日本の茶道のもつ精神文化は、他に類例を見ないもので、日本文化として世界に向かって堂々と標榜することができる。(30)

しかし、現在の日本の茶道はそのように言うことができるだろうか、と懸念される。言葉では千利休の精神を説くが、行動を見ると信長の〝茶の湯政道〟そのものではないか、と思えてならない。

各地で行われるお茶会には、会記といってその時の茶会に使われる諸道具が列記されたものが残されている。この会記を見ると、お茶の記録のないものが半分以上もあり、「このお茶会では何を飲んだのだろうか」と考えたくなる。

お茶会にお茶がなくて成り立つはずはなく、なくてはならないものを無視する、ということは、茶道の精神にかなうことであろうか。さらに、現在の社会、日本に限らず世界的現象として、人々の心の問題が叫ばれており、「人の心」の欠如が社会の根本にある。日本の茶道は「人の心を養

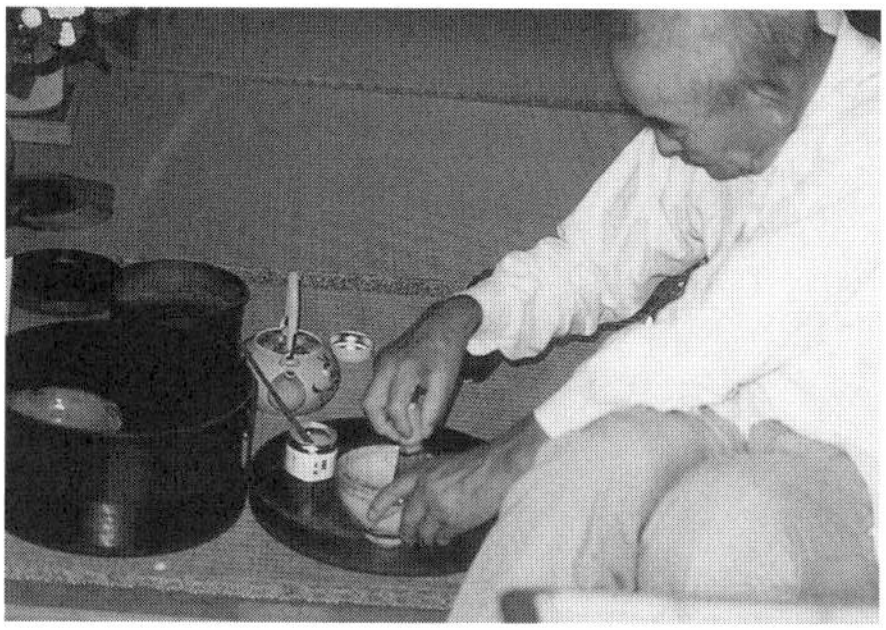

図37　農事の一休みに一服の茶

う」ということが大きな使命であろうが、〃心のことは茶道界におまかせを〃ということは耳にしたことがない。茶道界こぞって提唱していただきたいものであり、今がその時ではないだろうか。

茶道界では、「和敬清寂」「茶禅一味」「日常茶飯」といったすばらしい用語があるが、こうした用語がいつ、どこに活かされているだろうかと考えざるを得ない。そうした要因はどこにひそんでいるのだろうか。現在の茶道は「非日常的」であり、「虚構」の世界にある、といわれるのも当然のことかも知れない。

愛知県の西部にある津島市あたりではお茶といえば抹茶のことであり、朝昼晩の三度はもちろんのこと、人の来訪、また来訪がなくとも三時の一休み、こうしてまさに日常茶飯に抹茶が飲まれており、農作業が機械化される以前には、田植、稲刈などの農繁期には、隣近所の人々が集まり、お互いに手助けし合って農事が処理され、一休みには抹茶を点《た》てて、まさに〃一服のお茶〃として活かされてきた（図37）。現在はそうした姿を見かけることは少なくなったが、各家庭では普通に抹茶が飲まれており、作法には無関係に飲まれている。この習俗の由来は明らかではないが、この地方特有のものではなかろうか。心の通う生活習慣として、広く世間に普及できたならばと考えさせるところがある。

◉——日本の煎茶（淹茶）

華南・閩南ルートが日本の茶に与えた影響の最大のものは、蒸した茶の葉を揉捻することであり、できあがった茶葉がお湯を注ぐだけでおいしく飲めるようになったことである。

中国では、唐代には蒸した茶の葉を団茶にして、煎じて飲んでいたが、次の宋代には団茶にすることなく、蒸した茶の葉はそのまま乾燥し、粉末にして煮沸したお湯に投入して、攪拌して飲んだ。そののち、元代になると、茶の葉を蒸すことから「釜で炒る」ようになり、明代になると、製茶法のほとんどが釜炒りに変わってきた。

明代末に日本に来た隠元禅師は、この釜炒り製法の茶を飲む習慣と製茶法を日本に伝えたことになる。「釜炒り」といっても、鍋釜の釜ではなくて、中国の家庭で日常家庭料理に使う鍋のことである。新茶の芽が伸び始める頃、日常の料理に使う鍋の油を取り去って茶の芽を炒るわけである。

どこの家庭にもある鍋を使って、茶をつくるということは、それだけ広く茶の利用が普及したことを物語っている。明代以降は、中国全土の茶産地における製茶法は、すべて鍋で炒る製法になっており、現在でもその姿に変わりはな

図38　現在の釜炒り茶（右が日本、左が中国）

い（図38）。

鍋で炒る製法を「釜炒り」と呼ぶようになったのは、たぶん日本に伝来した頃からと思うが、日本では、中国の鍋のようなものより、日常の釜を利用して茶の葉を炒ったのではないか、と推測される。

日本でも明治期頃までの製茶法はどの産地も、ほぼ釜炒り法であり、ことに山間地の九州山地では現在でも行われている（図39）。

茶の葉を揉捻すれば、茶の葉に含まれている諸成分が、お湯に浸出し易くなる。茶葉の組織を細断することなく、組織が網の目のようになるのである。

図39　釜炒り後、茶葉を乾す（宮崎県西米良村）

新茶期ともなると、〝針のように細くもまれた茶〟という言葉を耳にするが、針のように細くなっている茶葉は、丹念にもんであるということを示しており、八十八夜前後の幼芽を摘んだものということになる。茶の製品の良否を判断するには、まず目で見て細くもんであるか、そして手に取って香りを確認する。新茶特有のかすかな青臭味と、クチナシの花のような香りが漂うこと、その茶葉にお湯を注いで、茶碗に淹《い》れた時の色、黄金色で透明なこと、香り、一口飲んでかすかな渋味とともに、甘味を感じる、この形状、香り、色、味の四項目が、茶の良否の判定規準とされている。

この四項目の判定規準の決定に、揉捻という製茶工程が深くかかわっている。その

図40　蒸した茶葉を揉捻するようになった日本茶（明治初期、一曜斎国輝画）

揉捻の良否は、生の茶葉を熱処理する最初の工程にある。ことに、日本茶は茶葉に含まれる「酸化酵素」を熱処理で分解することにあり、この処理が不十分なものは、製造途中で酸化して、香り、色、味ともに変化して、日本茶としての真価を失うことになる。

このように、製茶法に一大変化をもたらしたのが、隠元禅師を代表とする明代からの導入技法であり、現在の日本茶業のありようを決定したことになる[31]（図40）。

茶の良否の判断をする前記四要素については、形状が人の手によって決められ、味と色は茶畑の管理によるもので、茶畑への施肥の種類と量によって味が変わる。ことに、日本茶の香味は渋味と甘味のバランスによるので、茶葉に含まれる甘味の素となるテアニンが施肥の量と種類により左右され、渋味のタンニンは肥料にもよるが日射量の多少が大きく影響する。両者は相反することなので、茶畑の栽培管理は難しい。

香気については、現在のところ自然条件が大きく作用しており、良質の茶がとれる場所は「朝霧の立ちこめるような山間地」に限る。ことに、日本茶にはこの条件がつきものであるが、烏龍《ウーロン》茶や紅茶では、加工法によって決まる方が大きいものの、それでも山間地の方がより強い香りをもつ。ペットボトルや缶ドリンクなどの合成香味の茶がますます改良されることによって、日本の茶生産にどう影響するのか、茶業界全体で真剣に考えなければならない。

隠元禅師による釜炒り製茶法とともに、喫茶法としての「淹茶法」が伝えられた。前項の日本茶の伝来で取りあげたが、中国華南、とくに閩南地方の喫茶習俗で、茶葉にお湯を注いで飲むことになり、喫茶法としては一大変事であり、この方法によって、日本国内に広くお茶が普及した。

図41　茶樹の管理技術も様変り

淹茶（煎茶）が普及する前には、抹茶が一部上層社会に普及したのみで、一般社会では晩茶か、抹茶にならない葉脈や古葉の下級品が煎じ茶として飲まれており、緑したたるような茶は見ることもできなかった。

日本国内どこへ行っても、おいしい緑茶を飲めるようになったのは、第二次大戦後のことである。抹茶どころか煎茶も飲めなかった地方もあったが、茶の栽培技術の改良と製造技術の進歩、それに進んだ科学が茶の成分効用の究明に多大な成果をあげており、多くの人々にとってお茶を飲むことへの期待と安心が大きく働いて、日本国内津々浦々にまで普及した。

茶のもつ成分、効用は抹茶・煎茶の区別はなく、私たちの身体には効用をもたらすが、害となるものはまったくない。ことにタンニンは、他の飲食物中にはほとんどないので、茶特有の成分といえる。茶には成分的な効用とともに精神的な効用も大きく、日本では他国に見ることのできない「茶道」があり、日本文化を代表するものにもなっている。

この茶道も抹茶をもって成り立っているが、茶のもつ成分、効用には煎茶もほとんど区別はない。日常生活に広く普及している煎茶を通じて、茶の文化、精神、さらに、「茶の心」を広げたい。茶の成分、効用については、烏龍茶、紅茶においてもほとんど変わることはなく、進んだ日本の分析技術とともに、緑茶、紅茶の区別なく、茶とその心を広く世界にまで広めたいものである。

おわりに

茶樹の新品種育成のための原産地究明、さらに、茶のもつ世界人類への物心両面にわたる効用から、茶の原産地究明を思いたち、ほぼ五十年の歩みとなった。茶のもつ広範、多様な要素、すなわち茶の木にはじまり、製茶、喫茶、それに伴う民族、その民族のもつ文化の多様性等の研究が必要であり、その必要な調査の現地が、長い間国境すら不定の地であったため、現在でも自由に出入り可能な地域でない所が多い。

そうした条件下での五十年の歩みではあったが、「茶の木の原産地とその茶を利用する文化、言いかえれば、製茶と喫茶の始まりは同一地域ではない」ということが明らかとなった。すなわち、茶の木の原産地は雲南省南部、ベトナム、ラオス等の国境地域と推定されるが、そこに住んでいる民族には、茶以前に「ベテル」（檳榔）を噛む習慣が古くから定着しており、茶の利用は北方からの漢族、漢文化の伝来とともに喫茶の文化が伝えられた。現在、雲南南部は茶とベテルが競合している場であり、徐々にベテルから茶に変わりつつあるようである。

したがって、茶の木は雲南省南部から雲貴高原を北上し、洞庭湖西部山地の武陵山地域に到達し、そこで北方からの漢族、漢文化と接触して漢文化に茶の利用が始まり、茶業へと発展した。

そして再び雲貴高原を南下して雲南省南部に住む民族に漢文化としての喫茶が伝わり、ベテルの習俗から茶の習俗へと変容しつつある。この動きに深いかかわりをもったのがヤオ族だったのではなかろうか。

武陵山に始まる茶の利用は、長江沿いに東進して長江河口域に至り、ここより栄西禅師らによって日本に伝来した。他方、武陵山から雲貴高原を南下した茶は、広東省で一部が東進して福建省に至り、華南、閩南の茶文化として、隠元禅師を中心とする華南からの伝来者によって、日本に伝えられている。

こうした一連の流れは、推測の域を出ないものが多く、今後の調査研究にまたねばならないが、これからの研究の一助ともなればと思い、五十年の歩みを一般読者にも通読しやすいように概説してみた。なお、愛知大学綜合郷土研究所が編集した『飲茶の起源』という冊子には、本書で取り上げたテーマをめぐるさまざまな領域の専門家の方々による討論が紹介されており、併読をお薦めしたい。

最後に、細部にわたる報告は、『茶の原産地研究』として後日報告する予定であることをお伝えしておく。

参考文献

（1）中尾佐助『栽培植物の世界』中央公論社、一九七六年
照葉樹林農耕文化としての茶の利用等にふれており、東アジアの植物としての特性をあげている。
（2）松下　智『ヤマチャの研究』愛知大学綜合郷土研究所研究叢書一五、岩田書院、二〇〇二年
日本の自生茶ともいわれているヤマチャについて、照葉樹林、焼畑、造林等の現地調査に基づき、ヤマチャが日本の自生茶でなく、将来植物であることを示している。
（3）上山春平編『照葉樹林文化』中公新書、一九六九年
日本の農耕文化を、照葉樹林焼畑農耕文化と東アジアに共通する文化として、茶とともに広く扱っている。
（4）『佐久間町史』資料編三下、佐久間町役場、一九六九年
佐久間町全体は当然のことであるが、中世における茶の栽培について、焼畑農耕としての茶をめぐり細部にわたる記述がある。
（5）松元　哲「DNA解析に基づく茶の系統分化」『茶』二〇〇〇年七月号
（6）松下　智『幻のヤマチャ紀行』淡交社、一九九九年
日本各地のヤマチャについて、茶の木から地方誌、風俗、習慣等にわたって、綜合的に取りあげてある。
（7）松下　智「焼畑地域における茶と考古遺跡」愛知大学綜合郷土研究所紀要四五号、一九九七年
ヤマチャの生育地には、考古遺跡として弥生期の遺跡が見当たらず、ヤマチャは中・近世時代になって成立したものであることを示す。
（8）金関恕、佐原眞雄『弥生時代の研究』雄山閣出版、一九九七年
弥生期の遺跡は、標高一〇〇メートル前後が多く、三〇〇メートルは例外的となっていることを示しており、ヤマチャの生育する標高五〇〇～一〇〇〇メートルあたりにはないことを明らかにしていて、ヤマチャの伝来の参考となる。
（9）『明治期前林業発達史』野間科学医学研究資料館、一九四〇年
日本の林業成立について、各地の林業地域についての報告があり、造林技術などにもふれており、吉野林

業の特性にも及んでいる。

(10)『焼畑造林』全国森林組合連合会、一九五五年
日本各地の林業地域の多くでの焼畑への植林例を紹介しており、山間地の焼畑耕作の跡地への植林が、日本の林業の発展に役立っていることを示している。

(11)『諸塚村史』諸塚村役場、一九八九年
山地村の特性として、山の産物の紹介があり、ことに椎茸産地としての同村は、村行政の一つとして日本一の椎茸産地をめざしている。

(12)『茶樹原産地』――雲南陳興琰主編、雲南人民出版社、一九九四年
茶の原産地としての雲南省各地の茶樹について、植物学的な調査報告があり、茶の原産地を示す資料として貴重な一書である。

(13)『勐腊県誌』雲南人民出版社、一九九四年
雲南省西双版納傣族自治州構成の一県であって、特に茶の原産地として深いかかわりをもっており、茶の木から製茶、喫茶等各民族について紹介があり、茶の原産地を探るのには、大変役立つ。

(14)『傣族社会歴史調査西双版納之(二)』雲南民族出版社、一九八三年
勐腊県のタイ族を中心としており、勐腊県の茶の始まりとタイ族とのかかわりが記されている。

(15)松下　智「茶の原産地研究――チャと文化の成立」「茶の起源研究」第八号、(社)豊茗会、二〇〇三年

(16)『雲南少数民族』雲南省歴史研究所、雲南新華書店、一九八〇年
雲南省の少数民族のすべてについて、歴史、生活文化等の詳細な解説があり、雲南省の民族に関する資料としては最適な書である。

(17)松下　智「茶の原産地考」文明21創刊号、愛知大学国際コミュニケーション学会、一九九八年
茶の原産地、特に茶の木の原産地と、茶の文化――製茶、喫茶――の発生地は異なることについて、新知見を示している。

(18)江応樑『傣族史』四川省民族出版社、一九八三年
西双版納傣族自治州の主要民族であるタイ族について、雲南省に限らず、広く分布するタイ族の歴史、文化に関し記述しており、タイ族研究には好適書である。

(19) 陸羽『茶経』佐々木惣四郎、天保十五年
茶の起源からその発展に関する、中国の唐代の記述としては最高の記録であり、現在でも茶の研究については必読書である。
(20) 竹村卓二『ヤオ族の歴史と文化』弘文堂、一九八一年
ヤオ族研究の専門書として初出版の書であり、中国はじめ東南アジア山地、さらには、日本文化ともかかわりをもつことを推測するものであり、日本文化成立とのかかわりを暗示するものがある。
(21) エバーハルト著、白鳥芳郎訳『古代中国の地方文化』六興出版、一九八七年
中国の古代における地方文化の構成民族としてヤオ族が取りあげられており、茶についても取りあげられ、ヤオ族が伝える諸文化が中国南部から東南アジア山地に及び、ヤオ族と茶のかかわりの深いことが語られている。
(22) 松下　智『茶の民族誌――製茶文化の源流』雄山閣出版、一九九八年
茶の利用は人間に限られるといえるわけで、茶にかかわる民族について、中国はじめ東南アジア、さらにインド東部アッサムに及んでおり、各地の民族と茶のかかわりを記録している。
(23) 江上波夫主編『遣唐使時代の日本と中国』小学館、一九八二年
唐代を中心とする日中交流に関するシンポジウムの記録で、遣唐使の業績記録が詳細に記載されており、日本文化への唐代のかかわりの深いことを示している。
(24) 今枝愛眞『禅宗の歴史』至文堂、一九八六年
禅宗の日本文化に及ぼした影響について、禅宗各派の動向と、中国とのかかわりについて紹介している。
(25) 小葉田淳『日本と南支那』野田書房、一九四二年
日本と中国の交流については、江南、華北は多いが、華西、閩南との交流は極めて少ない。本書は、華南、閩南との交流について、具体的、詳細にふれており、日本の基層文化として、明末、清初の文化の重要性を示している。
(26) 平久保章『隠元』吉川弘文館、一九四三年
明末、清初の中国将来文化の中心的な役割を果たした「隠元禅師」について、生い立ちから来日へと一生をかけて、日本に中国文化とくに禅を紹介した様子を描く。煎茶に関してはひときわ深いかかわりを示して

いる。

(27) 中田勇次郎訳『考槃餘事』弘文堂書房、一九四三年
煎茶趣味の発展した、中国明代文化人の茶に関する「文人趣味」を紹介しており、日本の煎茶趣味、煎茶道には必読書である。

(28) 松下　智『緑茶の世界』雄山閣出版、二〇〇二年
近年の茶ブームについて、中国の茶、日本の茶の比較文化史的な紹介で、ことに緑茶について、日本・中国の比較を見ている。

(29) 桑田忠親『日本茶道史』河原書店、一九六四年
日本の茶道について、歴史、流派、茶器などを中心に茶の精神を説いており、茶道に志す人には必読書である。

(30) 森三樹三郎『老荘と仏教』法蔵館、一九八六年
中国仏教と老荘思想の合流が、禅宗の基本にあり、禅宗のもつ基本精神が、茶と結ばれる由縁を物語る書で、茶にかかわる人々にも一読をすすめたい書である。

(31) 大石貞雄『日本茶業技術発達史』農山漁村文化協会、一九八三年
日本茶業の成立発展の記録であり、綿密な資料の精査と、現場の調査であって、日本茶と茶業の成立、発展に大きな足跡を残した書である。

【著者紹介】

松下　智（まつした さとる）

1930年　長野県下伊那郡阿南町生まれ
1953年　愛知学芸大学（現教育大学）卒業
愛知県立西尾実業高等学校、安城農林高等学校教諭を経て、愛知大学国際コミュニケーション学部教授
現在、社団法人豊茗会会長
主な著書＝『日本の茶』（風媒社）、『茶の博物誌』（東京書房社）、『日本茶の伝来―ティー・ロードを探る』（淡交社）、『中国の茶―その種類と特性』（河原書店）、『日本名茶紀行』『ティー・ロード―日本茶の来た道』『茶の民族誌―製茶文化の源流』（雄山閣出版）など

愛知大学綜合郷土研究所ブックレット ⑪

日本茶の自然誌　ヤマチャのルーツを探る

2005年8月10日　第1刷発行
著者＝松下　智©
編集＝愛知大学綜合郷土研究所
〒441-8522 豊橋市町畑町1-1　Tel. 0532-47-4160
発行＝株式会社 あるむ
〒460-0012 名古屋市中区千代田3-1-12　第三記念橋ビル
Tel. 052-332-0861　Fax. 052-332-0862
http://www.arm-p.co.jp　E-mail: arm@a.email.ne.jp
印刷＝東邦印刷工業所

ISBN4-901095-57-9　C0339

刊行のことば

愛知大学は、戦前上海に設立された東亜同文書院大学などをベースにして、一九四六年に「国際人の養成」と「地域文化への貢献」を建学精神にかかげて開学した。その建学精神の一方の趣旨を実践するため、一九五一年に綜合郷土研究所が設立されたのである。

以来、当研究所では歴史・地理・社会・民俗・文学・自然科学などの各分野からこの地域を研究し、同時に東海地方の資史料を収集してきた。その成果は、紀要や研究叢書として発表し、あわせて資料叢書を発行したり講演会やシンポジウムなどを開催して地域文化の発展に寄与する努力をしてきた。今回、こうした事業に加え、所員の従来の研究成果をできる限りやさしい表現で解説するブックレットを発行することにした。

二十一世紀を迎えた現在、各種のマスメディアが急速に発達しつつある。しかし活字を主体とした出版物こそが、ものの本質を熟考し、またそれを社会へ訴える最適な手段であると信じている。当研究所から生まれる一冊一冊のブックレットが、読者の知的冒険心をかきたてる糧になれば幸いである。

愛知大学綜合郷土研究所